Lecture Notes in Mathematics

Edited by A. Dold, Heidelberg and B. Eckmann, Zürich

390

P. A. Meyer
P. Priouret
F. Spitzer

Ecole d'Eté de Probabilités de Saint-Flour III–1973

Edité par A. Badrikian et P.-L. Hennequin

Springer-Verlag
Berlin · Heidelberg · New York 1974

P. A. Meyer
Université de Strasbourg. Strasbourg/France

P. Priouret
Université de Paris VI. Paris/France

F. Spitzer
Cornell University. Ithaca, N.Y./U.S.A.

AMS Subject Classifications (1970): Primary: 60Gxx
Secundary: 60J25, 60H05, 60H15, 60J60, 60K35, 82A05

ISBN 3-540-06816-3 Springer-Verlag Berlin · Heidelberg · New York
ISBN 0-387-06816-3 Springer-Verlag New York · Heidelberg · Berlin

Offsetdruck: Julius Beltz, Hemsbach/Bergstr.

INTRODUCTION

Les textes qu'on trouvera dans ce recueil constituent la rédaction finale des cours donnés à l'Ecole de Calcul des Probabilités de Saint Flour du 4 au 20 Juillet 1973.

Cette Ecole d'Eté est maintenant une Institution qui permet à une quarantaine de chercheurs Français et Etrangers à la fois d'approfondir leurs connaissances sur des points en plein développement du calcul des probabilités et de confronter les résultats de leurs recherches.

Nous remercions Messieurs MEYER, PRIOURET et SPITZER du temps qu'ils ont consacré à la mise au point définitive du manuscrit ainsi que tous ceux qui les ont aidés dans ce travail.

Nous exprimons notre gratitude à Springer Verlag qui nous permet d'accroître l'audience internationale de notre Ecole.

Enfin, nous félicitons Mesdames COURAGEOT, DELCROS et JARRIER pour la diligence et le soin qu'elles ont apportés à la frappe de ce texte.

A. BADRIKIAN - P.L. HENNEQUIN

Professeurs à l'Université de Clermont
B.P. 45

63170 - AUBIERE

TABLE DES MATIERES

P.A. MEYER : "TRANSFORMATION DES PROCESSUS DE MARKOV"

CHAPITRE I - Rappels de théorie générale des processus 2

1. Processus stochastiques 2
2. Les deux théorèmes principaux 3
3. Mesures et processus croissants 4

CHAPITRE II - Rappels sur les processus de Markov : processus droits 5

1. Définitions 5
2. Compactification de Ray 6
3. Processus à points de branchement 7
4. Retour sur la propriété de Markov forte 8

CHAPITRE III - Fonctionnelles multiplicatives 9

1. Fonctionnelles multiplicatives 9
2. Fonctionnelles parfaites 12
3. D'autres transformations multiplicatives 14
4. Retour sur les temps terminaux 16
5. Noyaux multiplicatifs 18

CHAPITRE IV - Fonctionnelles additives 20

1. Définitions 20
2. Fonctionnelles additives et mesures aléatoires 21
3. Fonctionnelles additives et représentation des fonctions excessives 21
4. Fonctionnelles additives continues et changements de temps 24
5. Relations entre fonctionnelles multiplicatives et additives 26

CHAPITRE V - Système de Lévy, incursions 28

1. Ensemble des sauts totalement inaccessibles 28

2. Le système de Lévy 29

3. Sous-ensembles homogènes de s 30

4. Ensembles aléatoires homogènes bien-mesurables fermés 30

5. Incursions 31

BIBLIOGRAPHIE 33

P. PRIOURET : "PROCESSUS DE DIFFUSION ET EQUATIONS DIFFERENTIELLES STOCHASTIQUES"

CHAPITRE I - Intégrales stochastiques 38

1. Processus croissant 38

2. Intégrale stochastique 41

3. Martingales locales 47

4. Formule d'Ito 49

5. Relations entre martingales locales et processus de Poisson associés 53

Appendice : intégrale stochastique par rapport au mouvement brownien 56

CHAPITRE II - Processus de diffusion 58

1. Diffusion et problème des martingales associé 58

2. Existence et unicité 62

CHAPITRE III - Equations différentielles stochastiques 68

1. Solution d'une équation différentielle stochastique 68

2. Un théorème de Yamada - Watanabé 72

3. Cas où σ et b sont lipschitziennes 74

4. Un théorème de Neveu 78

Appendice 81

CHAPITRE IV - Un théorème de Stroock-Varadhan 85

1. Existence 85

2. Unicité lorsque b ≡ 0 86

3. Unicité - cas général 93

CHAPITRE V - La formule de Cameron-Martin 97

CHAPITRE VI - Diffusion sur une variété 102

1. Définition 102

2. Problème local 104

3. Deux résultats préliminaires 105

4. Passage du local au global 106

5. Passage du global au local 106

6. Existence et unicité de la diffusion associée à un opérateur de diffusion sur V 111

F. SPITZER : "INTRODUCTION AUX PROCESSUS DE MARKOV A PARAMETRES DANS Z_ν

CHAPITRE I - Champs aléatoires et limites thermodynamiques 115

CHAPITRE II - Etats de Markov et de Gibbs finis 125

CHAPITRE III - Les états de Markov et de Gibbs sur Z_ν 128

CHAPITRE IV - Transition de phase pour le modèle d'Ising d'un gaz 143

CHAPITRE V - Caractérisation variationnelle des états de Gibbs 158

1. Caractérisation variationnelle d'un état fini de Gibbs 158

2. Le théorème de Lanford et Ruelle 159

3. Equivalence des ensembles 161

CHAPITRE VI - Evolutions temporelles 166

1. Rappels sur les processus de Markov à valeurs dans un ensemble fini 166

2. Cas d'un espace de phase fini 170

3. Cas d'un espace de phase infini 177

CHAPITRE VII - Champs de Markov gaussiens 179

BIBLIOGRAPHIE 186

LISTE DES AUDITEURS

Mr. ACQUAVIVA A.	Université de Brest
Mle ALAIN M.F.	Université de Rennes
Mr. AMARA	Université d'Orléans
Mr. AZEMA	Université de Paris
Mr. BADRIKIAN A.	Université de Clermont
Mr. BALDI	Université de Pise (Italie)
Mr. BERNARD Pierre	Université de Clermont
Mr. BERTRANDIAS	Université de Grenoble
Mr. BETHOUX P.	Université de Lyon
Mr. BOILLAT A.	Ecole Polytechnique Fédérale de Lausanne (CH)
Mr. BRANDOUY	Université de Pau
Mr. CARNAL E.	Ecole Polytechnique Fédérale de Lausanne (CH)
Mr. CHEMARIN P.	Université de Lyon
Mr. CLAVILIER A.	Université de Clermont
Mr. CUNDARI	Université de Pise (Italie)
Mr. DAUBEZE P.	Université de Toulouse
Mr. DEMONGEOT J.	Université de Grenoble
Mle FARJOT P.	Université de Clermont
Mr. GABRIEL J.P.	Ecole Polytechnique Fédérale de Lausanne (CH)
Mr. GIROUX G.	Université de Sherbrooke (Canada)
Mr. GLORENNEC P.	Université de Rennes
Mr. GREGOIRE G.	Université de Grenoble
Mr. HAIMAN	S.T.P.B. à Paris
Mr. HENNEQUIN P.L.	Université de Clermont
Mr. HENNION H.	Université de Rennes
Mme HUBER C.	Centre Scientifique et Polytechnique de Saint Denis
Mle INDELLI	Université de Pise (Italie)
Mr. LAPRESTE J.T.	Université de Clermont
Mr. LEDRAPPIER	Université de Paris
Mr. LE JAN Y.	Ecole Normale Supérieure à Paris
Mr. LLYOD J.	Université de Sheffield (Grande-Bretagne)
Mr. MAISONNEUVE	Université de Strasbourg
Mr. MEMIN J.	Université de Rennes
Mr. MONTADOR R.	Université de Sherbrooke (Canada)
Mr. PELLAUMAIL J.	Université de Rennes
Mr. PISTONE I.	Université de Rennes
Mr. SMYTHE	Université de Paris
Mr. VILLARD M.	Université de Lyon
Mr. VIOT M.	I.R.I.A. à Rocquencourt
Mle WILSON	Université de Sheffield (Grande-Bretagne)
Mr. ZANZOTTO	Université de Pise (Italie)

Processus <u>μ-indistinguables</u> (X_t) et (X'_t) : pour presque tout ω, $X_{\cdot}(\omega)=X'_{\cdot}(\omega)$ identiquement

Processus μ-<u>optionnel</u>, μ-<u>prévisible</u> : μ indistinguable d'optionnel, de prévisible...

<u>Temps</u> : v.a. à valeurs dans $[0,\infty]$

<u>Temps optionnel</u>, prévisible, μ-optionnel, μ-prévisible... : le processus $X_t=I_{\{t\geq T\}}$ (intervalle stochastique $[\![T,\infty[\![$) est prévisible, optionnel, etc.

COMMENTAIRE. Les <u>temps optionnels</u> sont exactement les <u>temps d'arrêt</u> de la famille $(\underline{\underline{F}}_{t+})$, et les <u>temps</u> μ-<u>optionnels</u> les temps d'arrêt de la famille complétée $(\underline{\underline{F}}^{\mu}_{t+})$. Il n'y a pas d'inconvénient à continuer à utiliser le mot de temps d'arrêt ! D'autre part, un temps T est un <u>temps d'arrêt prévisible</u> au sens du livre de Dellacherie (notion relative à une loi μ : il existe une suite (T_n) de temps d'arrêt annonçant T, i.e. telle que $T_n\uparrow T$ μ-p.s. , $T_n<T$ pour tout n μ-p.s. sur $\{0<T<\infty\}$) si et seulement si T est un <u>temps</u> μ-<u>prévisible</u> au sens ci-dessus, ou encore μ-p.s. égal à un <u>temps prévisible</u> . On a donné les bonnes définitions sans mesures .

COMMENTAIRE. On a signalé plus haut que l'on traîne partout la petite distinction entre $\mathbb{R}_+$ et $\mathbb{R}_+^*$: cela se voit déjà ici . Les notions prévisibles se définissent naturellement sur $]0,\infty[$, les notions optionnelles sur $[0,\infty[$.

2. LES DEUX THEOREMES PRINCIPAUX

Soit A une partie mesurable de $\mathbb{R}_+\times\Omega$: on peut montrer que sa projection sur Ω est $\underline{\underline{F}}^{\mu}$-mesurable, et nous noterons $\overline{\mu}(A)$ sa probabilité.

THEOREME DE SECTION. Soit A un ensemble μ-optionnel (μ-prévisible). Il existe un temps μ-optionnel T (μ-prévisible) tel que

1) $T(\omega)<\infty \Rightarrow (T(\omega),\omega)\in A$

2) $\mu\{T<\infty\} \geqq \overline{\mu}(A)-\varepsilon$

Pour le second théorème , il faut définir les tribus $\underline{\underline{F}}^{\mu}_{T-}$, $\underline{\underline{F}}^{\mu}_{T}$ associées à un temps T (il est intéressant de les définir même lorsque T n'est pas un temps d'arrêt) : par définition

Y est $\underline{\underline{F}}^{\mu}_{T-}$ -mesurable ($\underline{\underline{F}}^{\mu}_{T}$-mesurable) si Y est $\underline{\underline{F}}^{\mu}$-mesurable, et s'il existe un processus μ-prévisible (μ-optionnel) (Y_t) tel que $Y=Y_T$

THEOREME DE PROJECTION. Soit (X_t) un processus mesurable réel ≥ 0 . Il existe un processus X^p μ-prévisible (resp. X^o μ-optionnel) essentiellement unique, tel que l'on ait

$$X^p_T = E_\mu[X_T | \underline{\underline{F}}^\mu_{T-}] \text{ pour tout temps } \mu\text{-prévisible (fini) } T$$

resp. $X^o_T = E_\mu[X_T | \underline{\underline{F}}^\mu_T]$ pour tout temps μ-optionnel (fini) T

Les relations restent d'ailleurs vraies pour des T prenant la valeur $+\infty$, à condition d'insérer $I_{\{T<\infty\}}$ des deux côtés.
Ces deux processus s'appellent les projections (μ-prévisible, μ-optionnelle) de (X_t). Essentiellement unique signifie que deux processus satisfaisant à ces relations sont μ-indistinguables.

Il y a pas mal de choses à dire ici, mais cela reviendrait à faire un autre cours...

3 . MESURES ET PROCESSUS CROISSANTS

Soit λ une mesure positive bornée sur $\mathbb{R}_+ \times \Omega$, dont la projection sur Ω est absolument continue par rapport à μ (i.e., qui ne charge pas les ensembles μ-évanescents). Soit A_t la densité de la mesure $B \mapsto \lambda([0,t]\times B)$ par rapport à μ . On peut régulariser le processus (A_t) en un processus à trajectoires croissantes et continues à droite. Si λ ne charge pas $\{0\}\times\Omega$, on peut supposer aussi que $A_0=0$. La mesure λ s'écrit alors

$$\lambda(Z) = E_\mu[\int_0^\infty Z_s dA_s] \qquad ((Z_s) \text{ mesurable positif })$$

où dA_s présente une masse en 0 égale à A_0. On dit que (A_t) est le processus croissant associé à λ

(Le point de vue des processus croissants est insuffisant pour traiter les mesures λ non bornées).

On définit deux nouvelles mesures , les projections de λ , en posant

$$\lambda^p(Z) = \lambda(Z^p) \quad , \quad \lambda^o(Z) = \lambda(Z^o)$$

La mesure est dite μ-prévisible (ou simplement prévisible), resp. μ-optionnelle (optionnelle) si $\lambda=\lambda^p$ (resp. $\lambda=\lambda^o$). Dans le cas des mesures bornées, on voit cela très bien sur le processus croissant :

(λ est prévisible (optionnel)) $\Leftrightarrow$ ((A_t) est prévisible (optionnel))

Il faut faire attention : le processus croissant associé à λ^p (λ^o) n'est pas la projection prévisible (optionnelle) du processus (A_t). On l'appelle projection duale , ou compensateur prévisible (optionnel(le)) de (A_t), et la notation usuelle sera $(\tilde{A}^p_t)$, $(\tilde{A}^o_t)$.

CHAPITRE II : RAPPELS SUR LES PROCESSUS DE MARKOV : PROCESSUS DROITS

Nous nous donnons un espace d'états E , qui sera en général un borélien d'un espace métrique compact . Nous lui adjoignons un point isolé ∂ , qui est destiné à jouer le rôle de poubelle pour trajectoires usagées, et nous construisons

- Ω , ensemble de toutes les applications continues à droite de $\mathbb{R}_+$ dans $E\cup\{\partial\}$, à durée de vie, ce qui signifie que pour tout $\omega\in\Omega$ l'ensemble $\{ t : \omega(t)=\partial\}$ est un intervalle $[\zeta(\omega),+\infty[$. En particulier, il y a une et une seule trajectoire , notée $[\partial]$, à durée de vie nulle.
- X_t , les applications coordonnées, pour $t\in\mathbb{R}_+$ ($X_t(\omega)=\omega(t)$)
- $\underline{\underline{F}}^o$, $\underline{\underline{F}}^o_t$, les tribus engendrées par toutes les X_s , resp. les X_s, $s\leq t$
- les opérateurs d'arrêt, de translation, de meurtre, définis respectivement par

$$X_s(a_t\omega)=X_{s\wedge t}(\omega) \quad , X_s(\theta_t\omega)= X_{s+t}(\omega) \quad , X_s(k_t\omega) = \begin{matrix} X_s(\omega), & s<t \\ \partial , & s\geq t\end{matrix}$$

On se donne maintenant un semi-groupe $(P_t)_{t>0}$ de noyaux[1] sur E , sous-markoviens ($P_t1\leq 1$). Il est facile d'en faire des noyaux markoviens ($P_t1=1$) sur l'espace agrandi $E\cup\{\partial\}$, en posant $P_t(I_{\{\partial\}})=1-P_t(I_E)$.

Une loi P^μ sur Ω est la loi d'un processus de Markov admettant (P_t) comme semi-groupe de transition, μ comme loi initiale, si

- $P^\mu\{X_0\in A\} = \mu(A)$ pour tout A
- $\forall$ s<t, f positive sur E, $E_\mu[f\circ X_t|\underline{\underline{F}}_s] = P_{t-s}f\circ X_s$

Notre première hypothèse consiste à exiger qu'il existe une telle loi pour toute loi initiale μ . Dans ces conditions , on peut introduire des tribus complétées $\underline{\underline{F}}^\mu$, $\underline{\underline{F}}^\mu_t$; leurs intersections sur μ : $\underline{\underline{F}}$, $\underline{\underline{F}}_t$, et on a la propriété améliorée suivante

si g est $\underline{\underline{F}}^o$-mesurable sur Ω, positive, et si $G(x)=E^x[g]$ (espérance pour la loi initiale ε_x), G est universellement mesurable, et on a pour tout t $E^\mu[g\circ\theta_t|\underline{\underline{F}}_t] = G(X_t)$, quelle que soit la loi μ.

Ceci ressemble beaucoup à la définition d'une projection optionnelle, mais on a seulement des t constants. Notre seconde hypothèse, qui permet d'aller beaucoup plus loin (et qui est cependant très fréquemment satisfaite) est la suivante

---

1.E est muni de la tribu universellement mesurable.

Le processus $(G(X_t))$ est vraiment, pour toute loi μ, la projection optionnelle du processus mesurable $(g\circ\Theta_t)$ par rapport à la loi P^μ et la famille $(\underline{\underline{F}}^\mu_{t+})$.

Une conséquence : on peut enlever le + de $\underline{\underline{F}}^\mu_{t+}$, la famille $\underline{\underline{F}}^\mu_t$ étant déjà continue à droite.

[Cet énoncé est en fait équivalent à la continuité à droite des fonctions excessives sur les trajectoires , et contient la propriété de Markov forte]

Cette propriété n'est pas tout à fait suffisante : on ne peut avoir les résultats les plus fins de la théorie sans savoir que de plus G possède une propriété de mesurabilité supplémentaire :

G est presque borélienne (pour toute loi μ, elle est encadrable entre deux boréliennes G_1 et G_2 telles que les processus $G_i(X_t)$, i= 1,2, soient P^μ-indistinguables).

L'ensemble de ces propriétés constitue les hypothèses droites , ou du moins on le croyait il y a deux ans. Depuis lors, on s'est aperçu qu'il y avait une hypothèse implicite, consistant à affirmer que l'espace d'états E est borélien dans un espace métrique compact K, qui n'était pas réaliste [pour la raison suivante : si E possède cette propriété, Ω ne la possède plus, or on obtient beaucoup de résultats sur E en travaillant sur des processus de Markov à valeurs dans Ω]. C'est Mertens qui a tout récemment indiqué la bonne hypothèse sur le processus à cet égard.

E est universellement mesurable dans K métrique compact, et pour toute loi μ sur E il existe un borélien de K $E_\mu \subset E$, tel que $P^\mu\{X_t \in E_\mu \cup \{\partial\}$ pour tout $t\} = 1$.

2. COMPACTIFICATION DE RAY

Ces hypothèses étant supposées faites, on peut choisir un espace compact métrique K contenant $E\cup\{\partial\}$ comme sous-ensemble universellement mesurable, mais non comme sous-espace[1], et en outre muni d'un semi-groupe (P'_t) de noyaux sous-markoviens, possédant les propriétés suivantes :

si $f\in\underline{\underline{C}}(K)$, $P'_.f$ est continue à droite et admet une limite à droite P'_0f en 0 , P'_0f est un noyau et $P'_0P'_t = P'_tP'_0 = P'_t$ pour tout $t\geq 0$

si $x\in E\cup\{\partial\}$, $P'_t(x,dy)=P_t(x,dy)$

pour p>0, les noyaux $V'_p=\int e^{-pt}P'_t dt$ appliquent $\underline{\underline{C}}(K)$ dans $\underline{\underline{C}}(K)$

et une propriété de séparation qu'on n'écrira pas.

---

1. On adjoint ∂ à E avant de compactifier : ∂ n'est donc pas isolé dans K .

Dans ces conditions, on peut restreindre un peu Ω (mais on ne fait pas apparaître cela dans la notation) et obtenir ceci :
Pour toute loi initiale sur E, le processus (X_t) est continu à droite dans E pour la topologie de K, et admet des limites à gauche dans K . Ces limites à gauche, en fait, appartiennent toujours à l'ensemble $E\cup B\cup\{\partial\}$, où B est l'ensemble des $x\in K$ tels que $\varepsilon_x P'_0 \neq \varepsilon_x$ soit portée par E (B signifie branchement)

La compactification de Ray nous servira surtout à classer les temps d'arrêt : un temps d'arrêt T de la famille $(\underline{\underline{F}}^{\mu}_t)$ est

μ-prévisible si $X_{T-}=X_T$ P^{μ}-p.s. sur $\{0<T<\infty\}$ (condition suffisante, non nécessaire)

μ-totalement inaccessible si $T>0$ P^{μ}-p.s., et $X_{T-}\neq X_T$,$X_{T-}\notin B$ P^{μ}-p.s. sur $\{T<\infty\}$, et alors X_{T-} est aussi limite à gauche au sens de la topologie initiale de E.

Pour clarifier ce dernier point, notons X^i_{t-} la limite à gauche, si elle existe, dans la topologie initiale de E : on ne peut rien reconnaître au moyen des X^i_{t-} . Il se peut très bien qu'on ait $X^i_{T-}\neq X_T$, $X^i_{T-}\notin B$, et que T soit accessible : cela signifiera simplement que $X^i_{T-}\neq X_{T-}$, de sorte que le critère ci-dessus est inapplicable !
On peut aussi avoir $X^i_{T-}=X_T$ partout, et que T ne soit pas prévisible (mais il sera alors accessible : pourquoi ?).

Cela suffit pour l'instant.

3. PROCESSUS A POINTS DE BRANCHEMENT

L'exemple des processus de Ray a amené à "étudier", depuis quelque temps, une classe naturelle de processus de Markov, à points de branchement. J'ai mis des "" , parce qu'il ne s'agit pas réellement de quelque chose de différent des processus droits ordinaires. Simplement, on se donne un espace d'états F décomposé en deux morceaux E et B , un processus droit ordinaire sur E , et pour chaque $x\in B$ une loi β_x sur E . On pose sur F

$$P'_t(x,dy) = P_t(x,dy) \text{ si } x\in E$$
$$= \int \beta_x(dz)P_t(x,dy) \text{ si } x\in B$$

Cela fait un semi-groupe, et on peut aussi définir $P'_0(x,dy)=\varepsilon_x(dy)$ ou $\beta_x(dy)$ suivant le cas , et sur Ω $P^x=P^{\beta_x}$ si $x\in B$.

Tant qu'on n'étudie pas les limites à gauche du processus, comme dans le cas de Ray, il s'agit donc d'une notion presque triviale . On en verra de bons exemples par la suite.

4. RETOUR SUR LA PROPRIETE DE MARKOV FORTE

Soit c une variable aléatoire $\underline{\underline{F}}^{o}$-mesurable positive, et soit C la fonction $E^{\bullet}[c]$ sur E. Nous avons vu que la fonction C est presque-borélienne, et que le processus $(C\circ X_t)$ est projection bien-mesurable (pour P^{μ}) du processus $(c\circ\Theta_t)$. Ainsi la mesure P^{μ} possède la propriété suivante, qui ne fait intervenir ni les (P_t), ni les autres mesures P^x du processus

(4.1) <u>Si</u> c <u>est</u> $\underline{\underline{F}}^{o}$<u>-mesurable positive</u>, <u>il existe une fonction positive</u> (même borélienne) C <u>telle que la projection bien-mesurable du processus</u> $(c\circ\Theta_t)$ <u>soit le processus</u> $(C\circ X_t)$.

En fait, Ω étant un bon espace du point de vue de la théorie de la mesure, nous pouvons trouver un noyau Π de$(E,\underline{\underline{B}}(E))$ dans $(\Omega,\underline{\underline{F}}^{o})$ tel que l'on puisse choisir $C=\Pi c$, et alors il est facile de voir que $\Pi(x,.)=P^x$ sauf pour des x appartenant à un ensemble μ-négligeable et μ-polaire. Ainsi on voit à la fois ce qu'est un processus fortement markovien " en soi" (i.e. sans possibilité de faire varier la loi initiale), et par quel procédé on peut reconstruire les mesures P^x connaissant seulement la loi P^{μ}. En fait, on peut montrer qu'une loi satisfaisant à (4.1) s'interprète bien comme une loi P^{μ} dans un vrai processus de Markov droit, dont les lois P^x (et le semi-groupe) sont déterminés à un ensemble près, que le processus $(X_t)_{t\geq 0}$ ne rencontre p.s. pas.

Considérons maintenant un espace métrique compact K, et un semi-groupe de RAY (P_t) sur K (par exemple, le semi-groupe construit plus haut par la compactification de RAY). Si f est continue sur K, la fonction $P_{\bullet}(x,f)$ est , pour tout $x\in K$, continue à droite sur $[0,\infty[$ et limitue à gauche sur $]0,\infty[$. Nous noterons $P^{-}_{\bullet}(x,f)$ sa limite à gauche : pour tout $t>0$, P^{-}_{t} est un noyau sur K, et on a

$$P_0P^{-}_{t} = P^{-}_{t} \quad , \quad P^{-}_{s}P^{-}_{t}=P^{-}_{s+t} \quad , \quad P_{t-}P_0=P_t$$

De plus, on a la propriété suivante, qui joue un rôle analogue à celui de (4.1), mais qui a été bien moins étudiée : pour toute loi P^{μ}

(4.2) <u>Si</u> c <u>est</u> $\underline{\underline{F}}^{o}$<u>-mesurable positive</u>, <u>et</u> C <u>désigne la fonction positive</u> (<u>borélienne</u>) $\int P_0(.,dy)E^y[c]$, <u>le processus</u> $(C\circ X_{t-})_{t>0}$ <u>est projection prévisible du processus</u> $(c\circ\Theta_t)_{t>0}$.

Cela équivaut à la relation $E^{\mu}[c\circ\Theta_T|\underline{\underline{F}}_{T-}]=C\circ X_{T-}$ P^{μ}-p.s. pour tout temps d'arrêt prévisible T , en particulier $E[f\circ X_{(T+t)-}|\underline{\underline{F}}_{T-}]=P^{-}_{t}(X_{T-},f)$. Cette propriété devrait s'appeler la propriété de Markov forte gauche, on l'appelle plus couramment la propriété de Markov <u>modérée</u>. Nous la retrouverons par la suite.

CHAPITRE III. FONCTIONNELLES MULTIPLICATIVES

On va s'intéresser maintenant aux <u>transformations</u> de processus de Markov, c'est à dire à diverses opérations, soit sur les processus, soit sur les mesures, qui lorsqu'on les applique à un processus de Markov en donnent un autre (avec modification possible du semi-groupe de transition).

Un exemple, le plus trivial, pour illustrer cela. Soit T une variable aléatoire positive sur $(\Omega,\underline{\underline{F}})$. Définissons un nouveau processus sur Ω en posant

(3.1) $\qquad Y_t = X_{T+t}$ sur $\{T<\infty\}$, $Y_t = \partial$ si $T=\infty$

Il s'agit d'une opération chirurgicale sur le processus, consistant à enlever un segment initial sur chaque trajectoire. La propriété de Markov forte nous affirme que si T est un temps d'arrêt de $(\underline{\underline{F}}_t)$, et si Ω est muni de P^μ , alors (Y_t) est markovien, avec μP_T comme mesure initiale, et encore (P_t) comme semi-groupe de transition.

Ce chapitre est consacré aux transformations "multiplicatives". Les énoncés y sont numérotés comme dans le cours de 1971 .

FONCTIONNELLES MULTIPLICATIVES

D1 DEFINITION. Une F.M. est un processus $(M_t)_{t\geq 0}$, adapté à la famille $(\underline{\underline{F}}_t)$, à trajectoires continues à droite, décroissantes, comprises entre 0 et 1, et possédant la propriété suivante

(3.2) $\forall\mu\forall s\forall t \quad M_{s+t}(\omega) = M_s(\omega)M_t(\theta_s\omega)\ P^\mu$-p.s.

L'ensemble de mesure nulle ici a le droit de dépendre de s et de t. S'il peut être choisi indépendamment de s et t, on dit que la fonctionnelle est <u>parfaite</u>. On verra plus tard que la plupart des FM peuvent être rendues parfaites.

Un cas particulier important : celui des FM qui ne prennent que les valeurs 0 et 1

D2 DEFINITION. Un temps d'arrêt T de la famille $(\underline{\underline{F}}_t)$ est un <u>temps terminal</u> si

(3.3) $\forall\mu\ \forall t \quad T\circ\theta_t = T-t$ p.s. sur l'ensemble $\{t<T\}$

exemples : temps d'entrée dans un ensemble $T_A = \inf\ \{t>0 : X_t \in A\}$
début d'un ensemble $D_A = \inf\{t\geq 0 : X_t \in A\ \}$
premier saut du processus > ε
premier saut d'un processus $(f\circ X_t) > \varepsilon$
temps d'entrée du processus (X_{t-},X_t) dans un ensemble ...

exemple de FM qui n'est pas un temps terminal : $\exp(-\int_0^t f\circ X_s ds\ )$.

3 COMMENTAIRE. On essaie toujours de réserver les expressions les plus simples aux êtres qui servent le plus souvent. Ainsi, il est entendu que le mot fonctionnelle multiplicative contient toujours, sauf mention expresse du contraire, l'adaptation, la continuité à droite, et la propriété multiplicative (3.2), on appellera

F.M. (sans adjectif) celles de D1

F.M. positives celles à valeurs dans $\mathbb{R}_+$

F.M. réelles ... $\mathbb{R}$ F.M. complexes ... $\mathbb{C}$

On considère aussi certaines classes de FM non adaptées, ou brutes , mais là il ne saurait y avoir de terminologie fixée à l'avance.[1]

4 La v.a. M_0 est $\underline{\underline{F}}_0$-mesurable, donc dégénérée pour toute loi P^x. D'après (3.2), on a $M_0=M_0^2$ p.s.. Donc ou bien $P^x\{M_0=1\}=1$ (x est permanent pour M), ou bien $P^x\{M_0=0\}=1$ (x est non permanent pour M). Par extension du cas des temps terminaux d'entrée dans un ensemble A, on dit parfois régulier (irrégulier) au lieu de non-permanent (permanent)

T5 THEOREME. Si (M_t) est une FM, et si l'on pose

(3.4) $$Q_t(x,f) = E^x[f\circ X_t . M_t] \qquad f \text{ borélienne } \underline{\text{sur } E}$$

alors les noyaux $(Q_t)_{t\geq 0}$ forment un semi-groupe sur $(E,\underline{\underline{B}}_u(E))$.

COMMENTAIRE. On a $Q_0Q_0=Q_0$, mais Q_0 n'est pas l'identité : la mesure $Q_0(x,dy)$ vaut $\varepsilon_x(dy)$ ou 0 . Si f est positive sur E, on a $Q_t(x,f)\leq P_t(x,f)$ pour $x\in E$, mais la coutume veut qu'on rende (Q_t) markovien au moyen du même point ∂ que (P_t), et alors on a naturellement $Q_t(x,\{\partial\}) \geq P_t(x,\{\partial\})$. C'est pourquoi sur E est souligné dans l'énoncé.

D6 Un semi-groupe (Q_t) majoré par (P_t) sur E est dit subordonné à (P_t), si de plus $t\longmapsto Q_t(x,f)$ est continue à droite pour f continue sur E.

T7 THEOREME. Tout semi-groupe subordonné à (P_t) est associé à une FM (M_t) telle que $M_\infty=M_{\zeta-}$, et deux telles FM associées au même semi-groupe sont indistinguables (on peut aussi normaliser par $M_\zeta=0$).

8 Une conséquence de ce théorème : la possibilité de réaliser le semi-groupe (Q_t) au moyen de (P_t) - c'est donc un théorème de transformation proprement dit.

PREMIERE METHODE (HUNT). Formons $\overline{\Omega} = \mathbb{R}_+\times\Omega$, $\overline{\underline{\underline{F}}}{}^o= \underline{\underline{B}}(\mathbb{R}_+)\times\underline{\underline{F}}^o$, $\overline{P}^\mu=e\otimes P^\mu$, où e est une loi exponentielle de paramètre 1. Posons $\overline{X}_t(u,\omega)=X_t(\omega)$ et $\overline{\underline{\underline{F}}}{}^o_t = \underline{\underline{B}}(\mathbb{R}_+)\times\underline{\underline{F}}^o_t$ (complétable en $\overline{\underline{\underline{F}}}_t$), et enfin $A_t = -\log M_t$ et

---

1. L'intérêt que l'on porte maintenant aux processus , semi-groupes... continus à gauche amènera sans doute à considérer des FM gauches, satisfaisant à $M_{s+t}=M_sM_t\circ\theta_s$, mais continues à gauche.

(3.5) $R(u,\omega) = \inf \{ s : A_s > u \}$

(3.6) $\underline{\underline{\overline{G}}}_t = \{H\in\underline{\underline{\overline{F}}} : \exists H'\in\underline{\underline{F}}_t,\ H\cap\{t<R\}=(H'\times\mathbb{R})\cap\{t<R\}\}$

(3.7) $\overline{\theta}_t(u,\omega) = ((u-A_t(\omega))^+, \theta_t\omega)$

Alors la famille $(\underline{\underline{\overline{G}}}_t)$ est croissante et continue à droite, R en est un temps d'arrêt, et le processus

(3.8) $\overline{Y}_t(u,\omega) = X_t(\omega)$ si $t<R(u,\omega)$, $\overline{Y}_t=\partial$ sinon

lui est adapté. $\overline{\theta}_t$ est un vrai opérateur de translation si (M_t) est parfaite. Du point de vue probabiliste, pour la loi P^μ

- $(\overline{X}_t)$ est markovien p.r.à $(\underline{\underline{\overline{G}}}_t)$ ou $(\underline{\underline{\overline{F}}}_t)$, avec (P_t) comme semi-groupe de transition. R est un " temps terminal" (i.e. est un temps d'arrêt satisfaisant à (3.3)) pour l'opérateur $(\overline{\theta}_t)$.
- $(\overline{Y}_t)$ est markovien par rapport à $(\underline{\underline{\overline{G}}}_t)$, avec (Q_t) comme semi-groupe de transition et μQ_0 comme loi initiale

SECONDE METHODE. On prend $\overline{\Omega} = \mathbb{R}_+\times\Omega$, $\underline{\underline{\overline{F}}}^\circ = \underline{\underline{B}}(\mathbb{R}_+)\times\Omega$, $\overline{Y}_t(u,\omega) = X_t(\omega)$ si $t<u$, ∂ si $t\geq u$. On pose $R(u,\omega)=u$, $\overline{\theta}_t(u,\omega) = ((u-t)^+, \theta_t\omega)$, et

$$\underline{\underline{\overline{G}}}^\circ_t = \{ H\in\underline{\underline{\overline{F}}}^\circ : \exists\ H'\in\underline{\underline{F}}^\circ : H\cap\{t<R\}= (H'\times\mathbb{R})\cap\{t<R\}\}$$

de sorte que $\overline{Y}_t$ est $\underline{\underline{\overline{G}}}^\circ_t$-mesurable. Si $Z(u,\omega)$ est $\underline{\underline{\overline{F}}}^\circ$-mesurable positive, on définit la mesure $\overline{P}^\mu$ par

(3.9) $\overline{E}^\mu(Z) = E^\mu[\int_{[0,\infty]} -Z(u,\omega)dM_u(\omega)]$

avec une masse en 0 égale à $1-M_0$, une masse en $+\infty$ égale à M_∞ . Dans ces conditions , $(\overline{Y}_t)$ est comme ci-dessus un processus de Markov par rapport à $(\underline{\underline{\overline{G}}}^\circ_t)$, admettant μQ_0 comme loi initiale et (Q_t) comme semi-groupe.

TROISIEME METHODE. On ne change ni Ω, ni les $\underline{\underline{F}}^\circ_t$, ni les X_t, ni les θ_t, mais seulement les mesures . Faisons la même convention sur la masse de dM en 0 et $+\infty$ que ci-dessus. Alors si c est $\underline{\underline{F}}^\circ$-mesurable positive, l'espérance de c pour la loi de mesure initiale μ et de semi-groupe (Q_t) est donnée par la jolie formule (d'Azéma)

$$\overline{E}^\mu[c] = E^\mu[-\int_0^\infty c\circ k_u dM_u]$$

Chacune des trois méthodes a ses avantages : par exemple, la première fait apparaître R comme un vrai temps terminal. La seconde utilise une construction indépendante de la fonctionnelle considérée.

9 Une formule de Hunt

Soit (U_p) la résolvante de (P_t) : $U_p = \int_0^\infty e^{-pt} P_t dt$. Soit (V_p) celle de (Q_t). Une application de la propriété de Markov forte de (X_t) ou $(\overline{X}_t)$ au temps d'arrêt R nous donne, si f est nulle en ∂

(3.10) $\quad U_p f - V_p f = E^{\cdot}[\int_R^\infty e^{-pt} f\circ \overline{X}_t dt] = P_R^p U_p f$

l'opérateur P_R^p se calcule

(3.11) $\quad P_R^p f = E^{\cdot}[-\int_{[0,\infty[} e^{-ps} f\circ X_s dM_s]$

On vérifie aisément que si f est p-excessive, $P_R^p f$ est p-surmédiane (p.r. à (P_t)). Cela conduit à distinguer une classe importante de fonctionnelles et de semi-groupes.

D10 DEFINITION. Le semi-groupe (Q_t) est dit <u>exact</u> si pour tout p et toute f positive, $U_p f - V_p f$ est p-excessive (i.e., finement continue / (P_t))

Il existe des fonctionnelles qui ne sont pas exactes (par ex. , le temps terminal D_A n'est pas exact en général).

T11 THEOREME. Toute résolvante (V_p) qui satisfait à

- si f est positive bornée sur E, p>0, $U_p f - V_p f$ p-excess./(P_t).

est la résolvante d'un semi-groupe subordonné exact.

[L'hypothèse est trop forte : il suffit en fait qu'elle soit satisfaite pour p=0, si le noyau potentiel U est borné]

T12 THEOREME. Si (Q_t) est un semi-groupe subordonné, il existe un semi-groupe subordonné exact (Q'_t) tel que $Q_t(x,.)=Q'_t(x,.)$ en tout point x permanent pour (Q_t), et que pour tout p $(U_p f - V'_p f)$ soit la régularisée p-excessive de $(U_p f - V_p f)$.

On ne s'occupe plus que des fonctionnelles et semi-groupes exacts. Il faut donner un exemple de mauvaise fonctionnelle, tout de même. Soit A un ensemble tel que $P_t(.,A)=0$ pour tout t>0. Alors

$$M_t(\omega)= 1 \text{ si } X_0(\omega)\notin A \quad , \quad M_t(\omega)=0 \text{ si } X_0(\omega)\in A$$

est une fonctionnelle . Si A n'est pas polaire, elle est mauvaise (exemple dû à Dynkin).

FONCTIONNELLES PARFAITES

Noter d'abord que deux processus indistinguables (M_t) et (N_t) ne satisfont pas en général à la propriété

pour presque tout ω , $M_s(\theta_t\omega)=N_s(\theta_t\omega)$ pour tout s et tout t.

Le problème se pose donc de choisir, parmi les fonctionnelles indistinguables de M, une meilleure version.

D'abord, un résultat préliminaire, qui rend parfois de grands services. Soit $\underline{\underline{H}}$ la tribu sur E engendrée par les fonctions $V_p f$ (f borélienne), et soit $\underline{\underline{F}}_t^\times$ la famille de tribus engendrée, sans complétion, par les v.a. X_t à valeurs dans $(E,\underline{\underline{H}})$.

T13 LEMME. Il existe une version indistinguable de la fonctionnelle, adaptée à la famille $(\underline{\underline{F}}_{t+}^\times)$.

On regarde maintenant, pour t fixé, l'ensemble des s<t tels que $M_t(\omega) \neq M_s(\omega)M_{t-s}(\Theta_s\omega)$. Le th. de Fubini nous dit que pour presque tout ω, cet ensemble est de mesure nulle. De même, si M,M' sont indist. pour toute loi P^μ, l'ensemble des s tels que $M_{t-s}(\Theta_s\omega) \neq M'_{t-s}(\Theta_s\omega)$ est de mesure nulle pour presque tout ω. Une idée, due à Doob et exploitée systématiquement par Walsh, consiste à utiliser les topologies sur $\mathbb{R}$ qui ignorent les ensembles de mesure nulle.

Tout le monde sait ce qu'est $\sup\text{ess}_{x \in I} f(x)$, où f est une fonction réelle sur $\mathbb{R}$ (même non mesurable) et I est un intervalle. On définit maintenant

(3.12) $$\limsup_{x \downarrow\downarrow a} \text{ess}\, f(x) = \lim_{\varepsilon \downarrow 0} \left(\sup_{]a,a+\varepsilon]} \text{ess}\, f(x) \right)$$

On peut démontrer que ceci s'interprète comme $\limsup_{x \to a, x \neq a} f(x)$ pour une topologie sur $\mathbb{R}$, la <u>topologie essentielle droite</u>.

Lorsqu'on applique ceci aux processus stochastiques, on obtient tout de suite un résultat intéressant

T14 LEMME. Soit sur $(\Omega,\underline{\underline{F}},P)$ un processus stochastique réel X_t, tel que $(t,\omega) \mapsto X_t(\omega)$ soit mesurable par rapport à $\underline{\underline{B}}(\mathbb{R}_+)\times\underline{\underline{F}}$ (resp. par rapport à cette tribu complétée pour la mesure dtdP). Alors le processus $Y_t = \limsup_{s \downarrow\downarrow t} \text{ess}\, X_t$ est (resp. est indistinguable d'un processus) $\underline{\underline{B}}(\mathbb{R}_+)\times\underline{\underline{F}}$ -mesurable.

On suppose toujours M exacte (mais en fait une partie du th. s'applique à des fonctionnelles non exactes, pour redonner T12)

T15 THEOREME. On pose $\overline{M}_t = \limsup_{s \downarrow\downarrow 0} \text{ess}\, M_{t-s}\circ\Theta_s$. Il existe alors un sous-ensemble Ω' de Ω, stable par les Θ_t, portant toutes les lois P^μ, sur lequel le processus $(\overline{M}_t)$ est adapté à la famille $(\underline{\underline{F}}_{t+}^\times)$, décroissant, continu à droite, indistinguable de (M_t) et tel que $\overline{M}_{s+t} = \overline{M}_s . \overline{M}_t \circ \Theta_s$ identiquement.

Noter que $\overline{M}_t$ n'est défini d'abord que pour $t>0$: $\overline{M}_0$ se définit par passage à la limite. On a $\overline{M}_0=0$ ou 1, mais on ne peut pas exclure la possibilité que $X_\zeta(\omega)$ soit permanent et que $\overline{M}_0(\omega)=0$, par exemple : on a là un ensemble de mesure nulle, mais pas forcément vide.

T16 COROLLAIRE. Si M est exacte, $M_{T+t}=M_T M_t \circ \theta_T$ p.s. pour tout temps d'arrêt T (sans avoir besoin de choisir une version parfaite).

COMMENTAIRE. Avant la découverte par Walsh de la méthode des limites essentielles, le corollaire 16 (propriété de Markov forte des FM) était tout ce dont on disposait. Le th.15 est bien supérieur, et s'applique à de nombreuses FM réelles.

D'AUTRES TRANSFORMATIONS MULTIPLICATIVES

Considérons une fonction excessive u pour le semi-groupe (P_t), et soit E_u l'ensemble $\{0<u<\infty\}$. Posons

(3.13) $$P_t^{(u)}(x,dy) = \frac{1}{u(x)}P_t(x,dy)u(y) \quad \text{si } x\in E_u$$

nous obtenons un nouveau semi-groupe sous-markovien sur E_u. Si on veut avoir un semi-groupe sur E, on peut poser

(3.14) $$\varepsilon_x P_t^{(u)} = \varepsilon_\partial \quad \text{si } x\notin E_u$$

(ou parfois ε_∂ si $u(x)=0$, ε_x si $u(x)=+\infty$). Ici on prendra (3.14). La résolvante est du même type : par ex. $U_p^{(u)}(x,dy) = \frac{1}{u(x)}U_p(x,dy)u(y)$ si $x\in E_u$. Si u est partout finie et >0, les fonctions excessives par rapport à $(P_t^{(u)})$ sont les fonctions v/u, où v est excessive pour (P_t) [Si $E_u\neq E$, on ne donne pas les détails].

COMMENTAIRE. Cette notion, due à Doob, est extrêmement importante. Si $E_u=E$, on peut écrire

$$P_t^{(u)}(x,f) = E^x[f\circ X_t . M_t]$$

où (M_t) est une fonctionnelle multiplicative positive : $M_t = \frac{u\circ X_t}{u\circ X_0}$. Ainsi, il s'agit formellement d'une " transformation multiplicative" au moyen d'une FM qui n'est pas ≤ 1, mais dont l'espérance est ≤ 1. Cette belle remarque ne sert à peu près à rien.

Pour l'instant, nous ne signalerons que le résultat élémentaire suivant

T17 THEOREME. Le semi-groupe $(P_t^{(u)})$ est droit.

A toute loi initiale μ sur E correspond donc une loi sur Ω, qu'on notera $P^{\mu/u}$ [la répartition de la variable aléatoire X_0 pour $P^{\mu/u}$ étant $\mu . I_{E_u} + \varepsilon_\partial . I_{E_u^c}$] .

COMMENTAIRE. En ce qui concerne la définition du semi-groupe $(P_t^{(u)})$ lui même, le fait que u soit excessive n'a pas grande importance : $(P_t^{(u)})$ serait sous-markovien même si u était seulement supposée surmédiane. C'est T.17 qui serait alors en défaut, mais on rencontre tout de même parfois de tels semi-groupes [1].

Les considérations précédentes ne peuvent donner une idée de l'utilité des u-processus. En voici tout de même un exemple"concret". La définition suivante est importante, et nous la retrouverons par la suite:

D18 DEFINITION. Une fonction $\underline{\underline{F}}$-mesurable positive L est un temps de retour si, pour toute mesure initiale μ, on a P^μ-p.s.

(3.15) $\quad L\circ\theta_t(\omega) = (L(\omega)-t)^+ \quad$ identiquement en t

Il s'agit en fait ici de ce qu'on devrait appeler un temps de retour parfait. Exemples : $L_A = \sup\{t : X_t \in A\}$

T19 THEOREME. La fonction $u=P^\cdot\{L>0\}$ est excessive. Posons d'autre part

(3.16) $\quad Y_t(\omega) = X_t(\omega)$ si $t<L(\omega)$, $Y_t(\omega)=\partial$ sinon

(3.17) $\quad \underline{\underline{G}}_t(\omega) = \{ A\in F : \exists A'\in\underline{\underline{F}}_t \ , \ A\cap\{t<L\} = A'\cap\{t<L\}\}$.

La famille de tribus $(\underline{\underline{G}}_t)$ est alors continue à droite et, si l'on munit Ω de P^μ, le processus (Y_t) est markovien par rapport à $(\underline{\underline{G}}_t)$, avec $(P_t^{(u)})$ comme semi-groupe de transition .

COMMENTAIRE. L'opération de meurtre à un temps de retour préserve donc la propriété de Markov, comme l'opération de meurtre à un temps terminal. Existe t'il une notion qui généralise celle de temps de retour, de la même manière que la notion de fonctionnelle multiplicative généralise celle de temps terminal ? En effet : soit $(L_t)_{t\geq 0}$ un processus décroissant homogène (i.e. , $L_{s+t}=L_s\circ\theta_t$), continu à droite, ≥ 0 .

La fonction $u=E^\cdot[L_0]$ est excessive. Pour toute loi μ, définissons une nouvelle loi $\bar{P}^\mu$ en posant, pour c $\underline{\underline{F}}^o$-mesurable positive

$$\bar{E}^\mu[c] = E^\mu[\int_0^\infty -c\circ k_s dL_s]$$

où l'intégration comporte la masse L_∞ à l'infini, mais pas de masse en 0. Alors $\bar{P}^\mu$ est la loi d'un u-processus admettant $u.\mu$ comme mesure initiale. Le théorème 19 correspond au cas où $L_t=I_{\{L>t\}}$, L étant un temps de retour.

Nous reviendrons plus tard sur les temps de retour, et sur les processus homogènes et continus à droite.

1. Lorsqu'on s'intéresse à la propriété de Markov modérée (hypothèses"gauches") on utilise des fonctions u surmédianes régulières .

RETOUR SUR LES TEMPS TERMINAUX

20 Nous considérons un temps terminal R , parfait et exact. Nous pouvons en fait supposer (grâce à un petit raffinement du th. de WALSH) que la relation $R\circ\theta_t=R-t$ sur $\{t<R\}$ a lieu identiquement, et que R est un temps d'arrêt de la famille $(\underline{\underline{F}}^x_{t+})$ introduite au n°13. On supposera aussi que $R\geqq\zeta \Rightarrow R=+\infty$. On considère le processus

(3.18) $\quad R_t = R\circ\theta_t$

C'est un "processus en dents de scie descendantes", à trajectoires continues à droite et limitues à gauche, non adapté à la famille $(\underline{\underline{F}}_t)$

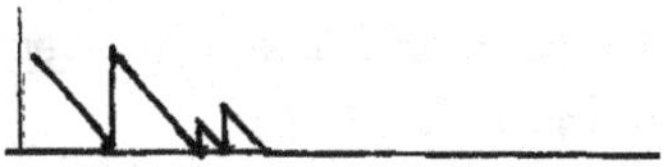

Soit M l'ensemble $\{ t>0 : R_{t-}=0\}$; c'est un ensemble fermé[1] optionnel pour la famille $(\underline{\underline{F}}_t)$, et homogène : si (I_t) est son indicatrice, on a identiquement $I_{s+t}=I_s\circ\theta_t$. R apparaît comme le début d'un ensemble homogène fermé, et inversement il est clair que le début d'un ensemble optionnel homogène dans $]0,\infty[\times\Omega$ est un temps terminal parfait exact. Il y a en fait bijection entre les (classes d') ensembles optionnels pour la famille $(\underline{\underline{F}}_t)$, homogènes fermés (indistinguables pour toute loi P^{μ}) et les (classes) de temps terminaux parfaits exacts. Le fait que $R\geqq\zeta$ entraîne $R=+\infty$ signifie que l'ensemble homogène M est la fermeture de $M\cap]0,\zeta[$.

21 L'interprétation des temps terminaux comme débuts d'ensembles homogènes fermés a des conséquences intéressantes

a) L'inf de deux temps terminaux R et R' est un temps terminal, mais non leur sup. On peut cependant définir au moyen des ensembles homogènes correspondants le plus petit temps terminal $R\underline{\vee}R'$ majorant R et R' : le début de $M\cap M'$.

[Je ne sais pas dans quelle mesure la théorie pour les FM est complètement écrite : l'inf de deux FM est leur produit, mais il me semble que la notion de sup n'a pas été traitée en général].

22 b) Soit R un temps terminal sans point régulier . L'ensemble M correspondant est alors (p.s.) bien ordonné. On dit que R est discret si M est discret.

Si R est sans point régulier, la fonction 1-excessive $E^{\bullet}[e^{-R}]=\varphi$ est partout <1. Choisissons alors $a\in]0,1[$, notons M l'ensemble homogène associé à R, et posons

(3.19) $\quad M_a = \{ t\in M : \varphi\circ X_t \leqq a \} \quad R_a$, début de M_a

1.Attention : fermé dans $]0,\infty[$!

On peut montrer alors que M_a est discret. Plus précisément, pour tout t, l'espérance pour P^x du nombre des éléments de M_a entre 0 et t est une fonction <u>bornée</u> de x.

Le processus $(\varphi\circ X_t)$ admet des limites à gauche, que nous noterons $(\varphi\circ X_t)_-$. L'ensemble

(3.20) $\quad M'_a = \{ t : t\in M , (\varphi\circ X_t)_- \leqq a \}$

est lui aussi discret, et est souvent plus utile que M_a , à cause du caractère plus "prévisible" de la condition imposée.

23 Nous reviendrons sur ces relations entre ensembles homogènes et temps terminaux plus tard. Pour l'instant, on voudrait juste énoncer un très joli théorème, dû à Walsh.

On rappelle que R a été supposé optionnel p.r. à la famille $(\underline{\underline{F}}^{\times}_{t+})$. Une conséquence : si $t>R(\omega)$, on a $R(k_t\omega)=R(\omega)$. Cela dit quelque chose sur M : les ensembles $M(k_t\omega)$ et $M(\omega)$ coincident sur $]0,t[$. Posons maintenant

(3.21) $\quad L(\omega) = \sup \{ t : t\in M\} \quad (\sup \emptyset = 0)$

C'est une fonction $\underline{\underline{F}}$-mesurable. L'homogénéité de M entraîne que L est un temps de retour (**sans aucun ensemble exceptionnel**), et la condition précédente entraîne $L\circ k_s = L$ sur $\{L<s\}$. Enfin, notre condition sur R et ζ entraîne que $L\leqq\zeta$, et l'exactitude de R signifie sur L que $L = \sup_s L\circ k_s$. Une v.a. satisfaisant à toutes ces propriétés est un <u>temps coterminal exact</u>. Walsh a étudié ces v.a. pour elles mêmes, et montré qu'elles sont en bijection avec les temps terminaux exacts, mais on ne donne pas de détails ici. Posons

(3.22) $Q_t(x,f) = E^x[f\circ X_t, t<R]$ (semi-groupe associé à R)

(3.23) $u(x)=P^x\{R=0\} = P^x\{L=\infty\}$.

24 THEOREME. La fonction u est invariante pour (Q_t). Le processus $(X_{L+t})_{t>0}$ est, pour toute loi P^μ, un processus de Markov [nous ne dirons pas par rapport à quelles tribus] admettant $(Q_t^{(u)})$ comme semi-groupe de transition.

Bien noter que cela vaut pour $\boxed{t>0}$. La loi initiale du processus n' est donc pas connue ! Il faudra une autre théorie pour la préciser. Cela tient au fait que la limite à droite du processus en 0 est en général dans $\{u=0\}$, et que nous ne savons pas bien définir $Q_t^{(u)}$ en ces points.

NOYAUX MULTIPLICATIFS

25 Nous n'avons considéré jusqu'à maintenant que des FM réelles, mais on peut naturellement considérer des FM à valeurs dans n'importe quel ensemble muni d'une multiplication, et aboutir ainsi à des généralisations sans intérêt. En voici une qui est intéressante.

Conservons les notations précédentes, et considérons un espace E', borélien dans un espace métrique compact, muni de sa tribu borélienne. Considérons une FM (M_t) sur Ω, *à valeurs dans l'ensemble des noyaux markoviens sur* E' : pour chaque (t,ω) $M_t(\omega)$ est un noyau markovien sur E', l'application $t \mapsto M_t(\omega)$ est "continue à droite" , l'application $\omega \mapsto M_t(\omega)$ est $\underline{\underline{F}}_t$-mesurable , et enfin on a $M_{s+t}(\omega)=M_s(\omega).M_t(\theta_s\omega)$ pour la multiplication des noyaux. Explicitons cela

1) Pour tout $t,\omega,x'\in E'$ on a une loi de probabilité $M^{x'}_t(\omega,dy')$ sur E'
2) Pour tout ω,x', toute f continue bornée sur E', $M^{x'}_{\cdot}(\omega,f)$ est continue à droite.
3) Pour tout t,x', toute f continue bornée sur E', $M^{x'}_t(.,f)$ est $\underline{\underline{F}}_t$-mesurable.
4) Pour tous les s,t,x',ω on a

(25.1) $$M^{x'}_{s+t}(\omega,.) = \int_{E'} M^{x'}_s(\omega,dy')M^{y'}_t(\theta_s\omega,.)$$

Pour l'instants, nous ne disons pas où l'on doit placer les ensembles de mesure nulle en ω. Un exemple : soit (M_t) une fonctionnelle FM ordinaire, et soit E' un ensemble à deux éléments, $E'=\{a,b\}$. Posons

$$M^a_t(\omega,dy') = M_t(\omega)\varepsilon_a(dy')+(1-M_t(\omega))\varepsilon_b(dy')$$
$$M^b_t(\omega,dy') = \varepsilon_b(dy')$$

Nous avons alors une FM à valeurs noyaux.

A quoi sert une telle fonctionnelle ? Soit $\overline{E}$ l'ensemble $E\times E'$. Pour tout couple (x,y'), posons, si $f(.,.)$ est borélienne bornée sur $\overline{E}$

(25.2) $$\overline{P}_t((x,y'),f) = E^x[\int M^{y'}_t(\omega,dz')f(X_t(\omega),z')]$$

Alors il est facile de montrer que les $\overline{P}_t$ forment un semi-groupe sur $\overline{E}$, " au dessus " du semi-groupe (P_t) en ce sens que, si f ne dépend que de la variable x, on a pour tout y' $\overline{P}_t((x,y'),f)=P_t(x,f)$.

J.JACOD a montré récemment qu'inversement, si on a un tel semi-groupe $(\overline{P}_t)$ au dessus de (P_t), les deux semi-groupes satisfaisant aux hypothèses droites par exemple, alors il existait des $(M^{y'}_t(\omega,.))$ satisfaisant à (25.2), et aux propriétés 1),2),3) ci-dessus, tandis que 4) n'est satisfaite qu'à un ensemble de mesure nulle près *qui dépend de* t,x' , de sorte que les noyaux construits ne forment pas vraiment une FM à valeurs noyaux . Cependant, on a une propriété de Markov forte : on peut remplacer dans (25.1) s par un temps d'arrêt S. On peut naturellement se demander si les méthodes de WALSH permettent de rendre " parfaite" cette fonctionnelle. Il semble que <u>non</u> , sauf certains cas exceptionnels(E' fini ou dénombrable, par ex.). C'est une question très intéressante.

CHAPITRE IV. FONCTIONNELLES ADDITIVES

Une fonctionnelle additive est simplement le logarithme d'une fonctionnelle multiplicative... Telle est l'idée qui s'impose au début de ce chapitre. Malheureusement, cette idée n'éclaire pas grand chose. Les questions où interviennent les FA n'ont pas grand chose à voir avec celles où interviennent les FM.

D1 DEFINITION. Une F.A. est un processus $(A_t)_{t \geq 0}$ à valeurs ≥ 0 finies, adapté à la famille $(\underline{\underline{F}}_t)$, continu à droite, croissant, tel que $A_0=0$ et

(4.1) $\forall s\ \forall t\ \forall \mu \quad A_{t+s} = A_t + A_s \circ \theta_t \quad P^{\mu}$-p.s.

2 e^{-A_t} est alors une FM sans points réguliers. La théorie des FM nous permet aussitôt de choisir une version de (A_t) possédant les propriétés suivantes

- adaptation à la famille $(\underline{\underline{F}}^{\times}_{t+})$ (n°III.13)
- validité sans ensemble exceptionnel de la croissance, de la continuité à droite, de la nullité en 0 [mais il restera un ensemble exceptionnel pour la propriété d'être finie]
- il existe $\Omega' \subset \Omega$ portant toutes les lois P^{μ}, stable par translation, sur lequel (4.1) a lieu identiquement.

[En fait, on peut même prendre $\Omega'=\Omega$: voir la référence [7]. Mais c'est encore un peu plus fatigant, et guère utile].

Dans la suite, nous utiliserons de telles versions.

3 Comme on l'a fait pour les FM, on peut affaiblir la notion de FA de diverses manières

- supprimer l'adaptation : on obtient les FA dites " non adaptées" ou brutes (raw)
- supprimer la positivité (et donc la croissance). On parlera alors de " FA réelles" (ou complexes).

Dans les deux cas, la méthode des limites essentielles permet d'obtenir des résultats de perfection, et il n'y a donc pas d'intérêt à considérer des fonctionnelles "imparfaites"

4 Une notion voisine, parfois utile, est celle de fonctionnelle p-additive (0-additive signifiant additive), où (4.1) est remplacée par

(4.2) $\quad A_{t+s} = A_t + e^{-ps} A_s \circ \theta_t$

le passage des unes aux autres est simple : si (A_t) est additive, $A'_t = \int_0^t e^{-ps} dA_s$ est p-additive. Blumenthal et Getoor ont plus généralement introduit des fonctionnelles M-additives, où (M_t) est multiplicative. Voir leur livre à ce sujet.

FONCTIONNELLES ADDITIVES ET MESURES ALEATOIRES

5 Lorsque nous avons une FA (A_t), à tout ω nous pouvons associer une mesure sur $\mathbb{R}_+^*$, la mesure $\alpha(\omega,dt) = dA_t(\omega)$. Que signifie l'additivité ? que pour (presque) tout ω, la mesure image de $\alpha(\Theta_t\omega,.)$ par l'application $s\mapsto s+t$ est la restriction de $\alpha(\omega,.)$ à $]t,\infty]$. Ou encore

$$\int_{s>0} f(s)\alpha(\Theta_t\omega,ds) = \int_{s>t} f(s-t)\alpha(\omega,ds) \qquad (4.3)$$

Inversement, si une mesure aléatoire positive sur $\mathbb{R}_+^*$ possède cette propriété, et si elle attribue une masse finie à tout intervalle $]0,t]$, sa primitive $A_t=\alpha(]0,t])$ est une FA (brute). Mais en fait on est souvent amené à considérer des mesures aléatoires qui n'attribuent pas une masse finie aux intervalles $]0,t]$: ces mesures ne sont alors pas déterminées par leur primitive, et le point de vue des FA est alors un mauvais point de vue : il faut travailler sur les mesures elles mêmes.

Cette remarque suffit à montrer la différence de point de vue entre FA et FM : les FA ne sont pas vraiment des processus, mais un moyen de se représenter des mesures aléatoires.

6 On ne considère d'habitude que des mesures aléatoires ne chargeant pas $]\zeta,\infty[$, ce qui signifie pour la FA correspondante que $A_\infty = A_\zeta$. Sauf mention spéciale, nous ferons cette hypothèse désormais.

7 Le point de vue des mesures aléatoires suggère tout de suite une variante[1] (due à AZEMA, et jusqu'à maintenant peu étudiée) : pourquoi se placer sur $\mathbb{R}_+^*$ et non sur $\mathbb{R}_+$? La notion correspondante est celle d'une mesure $\alpha(\omega,dt)$ sur $\mathbb{R}_+$, telle que

$$(4.4) \qquad \int f(s)\alpha(\Theta_t\omega,ds) = \int_{s\geqq t} f(s-t)\alpha(\omega,ds)$$

Noter que si α ne charge pas 0, elle ne peut charger aucun point. Une telle mesure se représente tout naturellement au moyen de sa primitive continue à gauche , qui est un processus croissant continu à gauche (A_t), ayant une valeur A_0 non nulle en général, et satisfaisant à la condition d'additivité.

FA ET REPRESENTATION DES FONCTIONS EXCESSIVES

La théorie classique des FA est calquée sur celle de la décomposition des surmartingales, et l'accent y est mis sur les FA prévisibles.

D8 DEFINITION. Le potentiel (p-potentiel) de la FA (A_t) est la fonction excessive (p-excessive)

$$(4.5) \qquad U_A 1 = E^\bullet[A_\infty] \qquad (E^\bullet[\int_0^\infty e^{-ps}dA_s] = U_A^p 1$$

Le noyau potentiel (p-potentiel) est le noyau

1. Il suggère aussi de considérer des masses à l'infini. Cf. 15.

(4.6) $f \longmapsto U^p_A f = E^{\cdot}[\int_0^\infty e^{-ps} f\circ X_s dA_s]$ [1]

U^p_A est une fonction p-excessive, et U^p_A un noyau p-excessif, i.e. transformant les fonctions positives en fonctions p-excessives. On s'intéresse surtout aux FA ayant un potentiel U_A partout fini, ou à la rigueur un noyau potentiel propre.

COMMENTAIRE. Une notion liée à celle de potentiel, mais à mon avis d'intérêt limité, est celle de caractéristique : au lieu de considérer l'unique fonction $E^{\cdot}[A_\infty]$, qui peut ne pas exister, on introduit la <u>caractéristique</u>, c'est à dire la famille des fonctions $c_t = E^{\cdot}[A_t]$, qui satisfait à $c_0=0$, $c_{t+s}=c_t+P_tc_s$, et à une propriété de continuité à droite. La caractéristique existe plus souvent que le potentiel, mais guère plus souvent que les p-potentiels ($p>0$).

9 Plaçons nous dans une compactification de Ray, et notons $\hat{E} = E\cup\{\partial\}\cup B$. Nous savons que le processus admet des limites à gauche <u>dans $\hat{E}$</u> , et nous savons définir les mesures P^x pour $x\in\hat{E}$. Le potentiel peut donc être défini sur $\hat{E}$, ainsi que le noyau potentiel. Mais nous avons aussi d'autres noyaux sur $\hat{E}$

(4.7) $$U^p_{A-}f = E^{\cdot}[\int_0^\infty f\circ X_{s-} e^{-ps} dA_s]$$

et le noyau <u>bipotentiel</u> défini par Sharpe, qui est un noyau de $\hat{E}$ dans $E\times\hat{E}$

(4.8) $$W^p_A f = E^{\cdot}[\int_0^\infty e^{-ps} f(X_s, X_{s-}) dA_s]$$

Le théorème classique de représentation des fonctions excessives est le suivant :

T10 THEOREME. Soit u une fonction p-excessive, qui est un p-potentiel de la classe (D) [ce qui signifie que pour toute mesure P^x, le processus $e^{-pt} u\circ X_t$ est une surmartingale de la classe (D), ayant la limite 0 à l'infini]. Il existe alors une FA prévisible unique (A_t) telle que $u=U^p_A 1$.

11 Les fonctions p-excessives que l'on considère sont toujours nulles en ∂ , de sorte que $A_\infty = A_\zeta$. Les fonctions p-excessives pour lesquelles on a $A_\infty = A_{\zeta-}$ sont les <u>vrais</u> p-potentiels .

C'est là une question délicate. Elle est illustrée par l'exemple du mouvement brownien dans le disque unité : la fonction 1 doit évidemment être considérée comme une fonction harmonique, non comme un potentiel. Or c'est le potentiel d'une fonctionnelle additive présentant un saut à l'instant ζ .

1. $U^p_A f$ est le p-potentiel de $f.A = (\int_0^t f\circ X_s dA_s)$. On introduit de même $f_-.A = (\int_0^t f\circ X_{s-} dA_s)_{t\in\mathbb{R}_+}$ sous les hypothèses de 9.

La manière usuelle d'exprimer que u est un potentiel consiste à introduire la fonction 1-excessive $\varphi = 1-E^{\cdot}[e^{-\zeta}] = U_1(I_E)$, et les temps d'arrêt finis $T_n = \inf\{ t : e^{-t}\varphi\circ X_t < 1/n \}$. On a $T_n \uparrow \zeta$, et la régularité de φ entraîne que pour toute suite $S_n \uparrow \zeta$, la relation ($S_n < \zeta$ pour tout n) entraîne ($T_n < \zeta$ pour tout n). On dit alors que u est un p-<u>potentiel naturel</u> si u est un p-potentiel de la classe (D), et si $\lim e^{-pT_n} u\circ X_{T_n} = 0$. Si la fonctionnelle (A_t) de T10 satisfait à $A_\infty = A_{\zeta-}$, u est un p-potentiel naturel, et la réciproque est vraie si la famille $(\underline{\underline{F}}_t)$ <u>est sans temps de discontinuité</u>. Un intéressant résultat de Blumenthal-Getoor, qui figure en appendice dans leur livre, indique que <u>tout</u> p-<u>potentiel naturel est</u> p-<u>potentiel d'une FA</u> (A_t) <u>qui ne charge ni</u> ζ, <u>ni les temps d'arrêt totalement inaccessibles</u> (mais cela n'entraîne pas qu'elle est prévisible).

Considérons une FA brute (A_t) telle que $E^{\cdot}[\int_0^\infty e^{-pt} dA_t] = u$ soit partout finie ; u est p-potentiel d'une FA prévisible unique $(\tilde{A}_t^p)$: cette notation est là, parce que cette FA est en fait la <u>compensatrice prévisible</u> de (A_t). Autrement dit, la théorie de la représentation des surmartingales donne le théorème suivant [qui peut en fait se démontrer directement]

T12 THEOREME. La compensatrice prévisible d'une FA brute est une FA (qui a le même potentiel).

Cela suggère le théorème suivant, qui, de manière assez curieuse, n'a été démontré que tout récemment, par Getoor-Sharpe :

T13 THEOREME. La compensatrice optionnelle d'une FA brute (A_t) est une FA (adaptée) (B_t), et les noyaux potentiels U_A^p et U_B^p sont égaux pour tout p.

L'énoncé doit se compléter par le résultat d'unicité, suivant lequel deux fonctionnelles additives - adaptées- (A_t) et $(\bar{A}_t)$, ne chargeant pas $[\zeta,\infty[$, et ayant le même noyau potentiel sur E, sont indistinguables .

14 C'est seulement tout récemment, et en raison des recherches d'Azéma, qu'on s'est posé des problèmes analogues pour des FA <u>gauches</u>. Si (A_t) est une FA gauche, la fonction $u = E^{\cdot}[A_\infty]$ n'est pas une fonction excessive, mais une fonction fortement <u>surmédiane régulière</u> : presque borélienne, satisfaisant à $P_T u \leq u$ pour tout temps d'arrêt T, et telle que $T_n \uparrow T \Rightarrow P_{T_n} u \downarrow P_T u$. On ne donnera pas ici de théorie détaillée : voir les travaux d'Azéma, et une note récente de Benveniste et Jacod sur les compensatrices des FA gauches.

15 Il est intéressant de noter une relation entre les FA et les u-processus. Soit u une fonction excessive de la classe (D), potentiel de la FA (brute) (A_t). Formons $\mathbb{R}_+\times\Omega = \bar{\Omega}$, avec les tribus du chap.III, n°8, seconde méthode. Et munissons $\bar{\Omega}$ des mesures

$$\bar{E}^x[Z] = E^x[\int_0^\infty Z_s(\omega)dA_s(\omega)]$$

alors, pour la mesure $\bar{P}^x$, le processus $(\bar{Y}_t)$ sur $\bar{\Omega}$ est un processus de Markov, admettant $u(x)\varepsilon_x$ comme loi initiale et $(P_t^{(u)})$ comme fonction de transition.

Ce résultat est lié à une très jolie formule d'Azéma, suivant laquelle, pour toute v.a. $\underline{\underline{F}}^o$-mesurable $Z\geq 0$

(4.9) $$u(x)E^{x/u}[Z] = E^x[\int_0^\infty Z\circ k_s\, dA_s]$$

La première remarque est due à Föllmer. On peut l'étendre à une fonction excessive u qui appartient à la classe (D), mais n'est pas un potentiel, en décomposant u en une partie potentiel u' et une partie invariante u", en désignant par A' la FA prévisible qui engendre u', et en convenant que A possède des masses à distance finie égales à celle de A', et une <u>masse à l'infini</u> égale à $\lim u\circ X_t$ (nécessairement portée par $\{\zeta=\infty\}$, puisque u est nulle en ∂). On a bien dans ce cas $u=E^\cdot[A_\infty]$. Les mesures $\bar{E}^x$ précédentes doivent être construites sur $\bar{\mathbb{R}}_+\times\Omega$.

FA CONTINUES ET CHANGEMENTS DE TEMPS

16 Les FA continues ont un certain nombre de propriétés spéciales. Parmi celles-ci, la possibilité de les utiliser pour définir une transformation spéciale, connue depuis très longtemps : le <u>changement de temps</u>.

Soit (A_t) une FA continue. Posons

(4.10) $$c_t = \inf \{ s : A_s>t \}$$

alors c_t est un temps d'arrêt de la famille $(\underline{\underline{F}}_t^o)$, l'application $c_\cdot(\omega)$ est croissante et continue à droite. A cause de la continuité de A, $c_\cdot$ est même strictement croissante, et la relation $c_s<\infty$ entraîne $A_{c_s} = s$, et cela permet alors de voir que

(4.11) $$c_{t+s} = c_t + c_s\circ\theta_{c_t}$$

Si (A_t) n'est pas strictement croissante, le t.d'a. c_0 n'est pas forcément égal à 0. Notons F l'ensemble des x tels que $P^x\{c_0=0\}= 1$: c'est le <u>support fin</u> de la FA continue (A_t). F est presque borélien, finement fermé, et même finement parfait (tout point de F est régulier pour F). Il porte la FA (A_t) : quitte à remplacer (A_t) par la fonctionnelle indistinguable $I_F.A$, on peut supposer que $X_{c_t}\in F$ identiquement.

Alors le processus $Y_t = X_{c_t}$ (avec la convention $X_\infty = \partial$) est un processus droit à points de branchement, l'ensemble des points de non branchement étant F, le semi-groupe

(4.12) $\quad P'_t(x,f) = E^x[f \circ X_{c_t}]$

et le noyau potentiel étant U_A. On a d'ailleurs d'autres semi-groupes

(4.13) $\quad P'^p_t(x,f) = E^x[e^{-pc_t} f \circ X_{c_t}]$

dont les noyaux potentiels sont les U^p_A .

Toute fonction excessive pour (P_t) est aussi excessive pour (P'_t). Si la fonctionnelle (A_t) est continue et strictement croissante, les deux semi-groupes ont les mêmes fonctions excessives, et les mêmes répartitions d'entrée dans les compacts : $P_K(x,dy) = P'_K(x,dy)$. Inverse-
T17 ment, deux semi-groupes droits qui ont les mêmes répartitions d'entrée se déduisent l'un de l'autre par changement de temps au moyen d'une FA continue strictement croissante. Ce théorème, dû à Blumenthal-Getoor-Mc Kean, est délicat .

(D'ailleurs, il n'a pas été démontré pour des processus droits, car il est antérieur à cette notion).

18 GETOOR a démontré un résultat voisin : deux FA continues ayant même support fin se déduisent l'une de l'autre par changement de temps.

19 On essaie depuis de nombreuses années d'obtenir une notion analogue à celle de changement de temps, pour des fonctionnelles non continues. Il est certain qu'il n'y a pas de théorie simple possible, car le noyau potentiel d'un semi-groupe satisfait au principe complet du maximum

$$a + Uf \geq Ug \quad \text{sur } \{g>0\} \Rightarrow a + Uf \geq Ug \text{ partout}$$

U_A satisfait à ce principe si A est continue, mais il n'y a aucune raison qu'il y satisfasse si A n'est pas continue, la démonstration du cas continu tombant complètement en défaut [NB : la relation $P_K U_A f = U_A f$ pour tout compact K et toute f nulle hors de K est vraie si et seulement si A est continue , et c'est cette formule qui donne le principe complet du maximum pour U_A].

Lorsque A est continue, le semi-groupe transformé (P'_t) est déterminé par le fait que son noyau potentiel est U_A. On est alors amené à chercher à généraliser la théorie des changements de temps de la manière suivante : soit A une fonctionnelle gauche . Un raisonnement très simple montre que le noyau potentiel U_A (tenant compte de la masse de A en 0) satisfait au principe complet du maximum, et on est alors amené à se demander si ce noyau est le potentiel d'un semi-groupe (P'_t). Cette question ne semble pas avoir été étudiée.

On peut dire encore quelques autres choses. Considérons un temps terminal T sans point régulier, et ses itérés

$$T_0=0,\ T_1=T\ ,\ldots\ T_{n+1}=T_n+T\circ\theta_{T_n}$$

et notons Q le noyau P_T. Le processus $Y_n=X_{T_n}$ est alors un processus à temps discret, admettant Q comme noyau de transition. On peut le considérer, si l'on veut, comme le processus changé de temps de (X_t) par la fonctionnelle additive

$$A_t = \sum_{n>0} I_{\{T_n\leq t\}}$$

qui compte les occurences de T entre 0 et t. Cependant, il y a une différence : le potentiel U_A vaut $Q+Q^2+\ldots+Q^n+\ldots$, tandis que le noyau potentiel de la chaîne discrète (qui satisfait au principe complet du maximum) est $I+Q+Q^2+\ldots$ En fait, on peut décrire un semi-groupe continu lié à Q de la manière suivante : le processus correspondant, issu du point x, reste en x un temps exponentiel de paramètre λ, puis saute en un point y avec probabilité Q(x,dy), y reste un temps exponentiel de paramètre 1, et ainsi de suite. Le noyau potentiel de ce semi-groupe est $I+Q+Q^2+\ldots$. La question que l'on est amené à se poser ici est donc de regarder si , dans d'autres cas encore, le noyau potentiel d'une fonctionnelle additive A est tel que $I+U_A$ satisfasse au principe complet du maximum.

20 Il faut citer un autre théorème sur les fonctionnelles additives continues, qui a été tout récemment étendu aux processus droits, et qu'on ne connaissait autrefois que sous l'hypothèse (L) de continuité absolue : c'est le suivant

THEOREME. Soient (A_t) et (B_t) deux fonctionnelles additives continues, telles que

pour toute $f\geqq 0$ telle que $U_Bf=0$ on ait aussi $U_Af=0$.

Alors il existe une fonction $g\geqq 0$, mesurable par rapport à la tribu engendrée par les fonctions p-excessives, telle que $A=g.B$.

(La version ancienne de ce théorème, avec l'hypothèse de continuité absolue, était due à Motoo).

RELATIONS ENTRE FONCTIONNELLES MULTIPLICATIVES ET ADDITIVES

On va étendre maintenant certaines considérations du n°19.

21 Soit (A_t) une fonctionnelle additive, non nécessairement finie, mais nulle en 0, dont tous les sauts sont ≤ 1. Nous la décomposons en sa partie continue (A_t^c) et la somme de ses sauts ΔA_t, et nous posons

$$(4.14)\qquad M_t = e^{-A_t^c} \prod_{s \leq t} (1-\Delta A_t)$$

alors (M_t) est une fonctionnelle multiplicative. Si (A_t) est finie et tous ses sauts sont <1, (M_t) ne s'annule pas , et on retrouve (A_t) à partir de (M_t) par la formule

$$(4.15)\qquad dA_s = dM_s / M_{s-}$$

Si (M_t) s'annule, soit S le premier instant où $M_. = 0$: S est un temps terminal , et on a $A_S=+\infty$ si $M_{S-}=0$, tandis que $\Delta A_S=1$ si $M_{S-}>0$. La formule (4.15) permet donc de retrouver (A_t) sur tout l'intervalle $[0,S]$, et alors un procédé d'itération permet de reconstruire complètement (A_t). Nous avons déjà vu au chapitre III, n°9, la formule de HUNT $U_p - V_p = P_R^p U_p$, qui ne fait pas intervenir la fonctionnelle (A_t). En voici deux qui font intervenir A :

$$(4.16)\qquad U_p - V_p = U_A^p V_p$$

$$(4.17)\qquad P_R^p U_A^p = U_A^p - P_R^p = U_A^p P_R^p$$

Je ne sais pas si l'on peut en déduire que $U_A = P_R + P_R^2 + \ldots$ mais je le pense. Dans ce cas, on verrait que $I+U_A$ satisfait au principe complet du maximum pour toute fonctionnelle A à sauts $\leqq 1$. C'est assez curieux

CHAPITRE V : SYSTEME DE LEVY, INCURSIONS

Ce chapitre va donner des applications des notions abstraites des chapitres précédents : la théorie des fonctionnelles additives et des projections duales de mesures aléatoires va conduire à l'idée d'un <u>système de Lévy</u>. L'idée des <u>processus d'incursions</u> de MAISONNEUVE va introduire une nouvelle "transformation de processus de Markov", et le système de Lévy du processus transformé va nous permettre de retrouver les résultats de l'article fondamental [20] de GETOOR-SHARPE.

La bibliographie ne contient pas de références sur le travail de MAISONNEUVE, qui n'est pas encore publié. Pour l'instant, on peut seulement voir les exposés [7].

L'ENSEMBLE DES SAUTS TOTALEMENT INACCESSIBLES

1 Nous considérons un processus droit à valeurs dans E, sa réalisation canonique continue à droite $\Omega,\underline{\underline{F}},X_t\ldots$, une compactification de RAY quelconque F, avec B l'ensemble des points de branchement. On peut sans aucun inconvénient restreindre Ω à l'ensemble des ω qui sont, de plus, continues à droite dans E pour la topologie de F, et pourvues de limites à gauche dans F. Cela revient à jeter une fois pour toutes un ensemble de mesure nulle pour toute loi P^μ.

On appelle <u>sauts</u> du processus (X_t) les instants t tels que , ou bien la limite à gauche $X_{t-}(\omega)$ (pour la topologie de E) n'existe pas , ou bien cette limite existe et est différente de $X_t(\omega)$. Un raisonnement simple montre que l'ensemble des sauts de (X_t) est une réunion dénombrable de graphes de temps d'arrêt T_n . Chaque T_n peut maintenant s'écrire $T'_n\wedge T''_n$, où T'_n est totalement inaccessible, et T''_n est " accessible", i.e. n'est p.s. égal à aucun t.d'a. totalement inaccessible. <u>L'ensemble des sauts totalement inaccessibles est alors la réunion des graphes des</u> T'_n .

Une telle définition présente de multiples inconvénients :

- la décomposition d'un temps d'arrêt en partie totalement inaccessible et partie accessible dépend de la mesure initiale ,
- il n'est pas évident que l'ensemble en question soit indépendant de la décomposition de l'ensemble des sauts en graphes $[T_n]$,
- alors que l'ensemble des sauts était évidemment homogène, il n'est pas du tout évident que l'ensemble des sauts totalement inaccessibles le soit.

C'est ici qu'on voit l'utilité des compactifications de RAY : notons

$X^*_{t-}(\omega)$ la limite à gauche dans F. Alors le n°2 du ch.II montre que l'ensemble des sauts totalement inaccessibles est indistinguable de l'ensemble aléatoire, évidemment homogène, évidemment indépendant de la mesure initiale

(5.1) $S = \{(t,\omega) : t>0 , X^*_{t-}(\omega) \neq X_t(\omega), X^*_{t-}(\omega) \notin B \}$

C'est sur cet ensemble que nous travaillerons dans toute la suite. La plupart des processus de Markov classiques sont des processus de HUNT : dans ce cas, S est simplement l'ensemble de tous les sauts.

LE SYSTEME DE LEVY

2 Le but de la théorie du système de LEVY est le calcul de sommes du type

(5.2) $E^\bullet[\sum_{s\in S} e^{-ps} f(X_{s-},X_s)]$

où f est borélienne positive sur E×E. Il suffira en fait de faire le calcul pour f(x,y) de la forme a(x)b(y). Sous cette forme il apparaît que le problème est celui de trouver la <u>projection prévisible</u> (ou compensatrice prévisible, chap.I, n°3) de mesures aléatoires du type

(5.3) $\sum_{s\in S} b\circ X_s . \varepsilon_s$

La mesure $\sum_{s\in S} \varepsilon_s$ n'est pas bornée, mais une nouvelle utilisation de la théorie de RAY permet de voir que

LEMME. <u>Il existe une fonction</u> β <u>sur</u> E, <u>partout</u> >0, <u>telle que la fonction</u> $E^\bullet[\sum_{s\in S} e^{-s} \beta\circ X_s]$ <u>soit bornée sur</u> E.

Il est possible de choisir β borélienne pour la tribu induite par F sur E, donc mesurable pour la tribu $\underline{\underline{B}}_e$ sur E engendrée par les fonctions p-excessives.

Maintenant, il n'est plus difficile de démontrer le théorème suivant.

3 THEOREME. <u>Il existe une fonctionnelle additive continue</u> H <u>sur</u> Ω, <u>un noyau</u> N <u>sur</u> E, <u>possédant les propriétés suivantes</u>

- $N(x,\{x\})=0$ <u>pour tout</u> x ; <u>la fonction</u> $N\beta$ <u>est bornée</u> (β est la fonc- construite plus haut) ; N <u>transforme les fonctions boréliennes sur</u> E <u>en fonctions</u> $\underline{\underline{B}}_e$<u>-mesurables</u>,
- <u>la projection prévisible de la mesure</u> (5.3) <u>est la mesure</u>

(5.4) $Nb\circ X_s \, dH_s$

Le calcul de l'espérance (5.2) est alors facile. Introduisons la fonction $F(x)=\int N(x,dy)f(x,y)$. L'espérance (5.2) vaut

(5.5) $E^\bullet[\int_0^\infty e^{-ps} F\circ X_s dH_s]$

Naturellement, ceci est très abstrait, et a une importance surtout théorique. Cependant, on sait montrer (c'est un très beau résultat d'IKEDA-S.WATANABE : J.Math. Kyoto, 1962 . Voir aussi le Sém. de Strasbourg I, p.159) que pour les processus de Markov sur les variétés, dont le générateur a un domaine contenant C_c^∞, on peut prendre pour (H_t) la fonctionnelle t, et pour noyau N <u>la partie non locale du générateur</u> .

SOUS-ENSEMBLES HOMOGENES DE S

4 Nous considérons maintenant un sous-ensemble aléatoire homogène S' de S, et nous lui associons la mesure aléatoire homogène

(5.6) $$\sum_{s\in S'} b\circ X_s \varepsilon_s$$

qui est majorée par (5.3). On peut lui appliquer le même raisonnement qu'à (5.3) et en déduire l'existence d'un "noyau de LEVY" $N'\leq N$. Mais alors , d'après un théorème de DOOB, il existe une fonction $g(x,y)\leq 1$, $\underline{\underline{B}}_e\times\underline{\underline{B}}$-mesurable, telle que

$$N'(x,dy) = g(x,y)N(x,dy)$$

Si S' est bien-mesurable, le fait que les deux mesures aléatoires optionnelles

$$\sum_{s\in S'} b\circ X_s \varepsilon_s \quad \text{et} \quad \sum_{s\in S} b\circ X_s g(X_{s-},X_s)\varepsilon_s$$

aient même compensatrice prévisible <u>pour toute fonction</u> b entraîne qu'elles sont indistinguables. Autrement dit,

(5.7) $$S' = \{ (t,\omega)\in S : g(X_{t-}(\omega),X_t(\omega))=1 \}$$

Cela donne la structure de tous les sous-ensembles homogènes bien-mesurables de S, de tous les temps terminaux totalement inaccessibles, de toutes les fonctionnelles additives purement discontinues à sauts totalement inaccessibles. Enonçons par exemple ce dernier résultat :

5 THEOREME. <u>Soit</u> (A_t) <u>une fonctionnelle additive</u>, <u>purement discontinue et dont les sauts sont tous totalement inaccessibles</u>. <u>Alors il existe une fonction</u> $\underline{\underline{B}}_e\times\underline{\underline{B}}$-<u>mesurable positive</u> f <u>sur</u> E×E <u>telle que</u>

(5.8) $$A_t = \sum_{s\in S, s\leq t} f(X_{s-},X_s) \quad .$$

ENSEMBLES ALEATOIRES HOMOGENES BIEN-MESURABLES FERMES

6 On revient maintenant aux ensembles aléatoires homogènes fermés dans $]0,\infty[$, bien-mesurables, décrits au chap.III, n°20. Soit M un tel ensemble. Nous avons le temps terminal associé R, le processus en dents de scie $R_t=D_t-t$, où $D_t=t+R\circ\theta_t$ est le premier point de M après t. Nous regardons l'ensemble S des extrémités gauches d'intervalles

contigus à M : c'est un ensemble aléatoire homogène, à coupes dénom--brables , <u>mais il n'est pas bien-mesurable en général</u> : un cas typique est celui où (X_t) est le mouvement brownien, M l'ensemble des rencontres de 0. Il ne passe alors aucun graphe de temps d'arrêt dans S. Notre but est ici analogue à celui de la théorie du système de LEVY : calculer des espérances du genre

(5.9) $E^{\bullet}[\sum_{s\in S} h\circ\theta_s]$ où h est positive quelconque sur Ω .

Nous aurons besoin de quelques notations supplémentaires : F sera l'ensemble des points réguliers (i.e., non permanents) pour M ; (Q_t) le semi-groupe tué au temps terminal R.

INCURSIONS

7 Nous voulons décrire le processus (X_t) au moyen, d'une part de son comportement sur M, d'autre part, de son comportement hors de M. Il nous faut pour cela trois éléments à chaque instant t

- la trajectoire $\theta_t\omega$ <u>tuée</u> à l'instant $R_t(\omega)$ où elle rencontre M pour la première fois après t. Elle est réduite à ∂ si $R_t(\omega)=0$. Si à l'instant t nous sommes hors de M, cette trajectoire nous dit ce que fait le processus avant de revenir dans M.
  Nous l'appellerons l'<u>incursion</u> à l'instant t, et la noterons $j_t(\omega)$.
- La valeur $R_t(\omega)$ qui nous dit exactement <u>quand</u> nous revenons dans M après t. Pour des raisons techniques, on ne peut la confondre tout à fait avec la durée de vie de l'incursion.
- La v.a. $X_{R_t}(\theta_t\omega)=X_{D_t}(\omega)$ qui nous dit <u>où</u> la trajectoire revient dans M après l'instant t^{+}.

Ces trois quantités ne sont pas $\underline{\underline{F}}_t$-mesurables : elles sont mesurables par rapport à la tribu $\underline{\underline{F}}_{D_t}$ (D_t est un temps d'arrêt) qui "avance" sur la famille $(\underline{\underline{F}}_t)$.

Le théorème suivant est dû à MAISONNEUVE

8 THEOREME. <u>Les processus</u> (R_t,X_{D_t}) <u>et</u> (R_t,X_{D_t},j_t) <u>sont des processus de Markov droits</u>.

Revenons à S : on a dit plus haut que S n'était pas bien-mesurable. On peut en fait partager S en deux morceaux (homogènes)

$$S'=\{(t,\omega)\in S : X_t(\omega)\in F\} , \quad S''=\{(t,\omega)\in S : X_t(\omega)\notin F\}$$

S" est bien-mesurable, c'est le morceau "facile" ou " classique" . S' ne contient aucun graphe de temps d'arrêt, c'est le morceau vraiment intéressant. Or il se trouve que S' <u>est une partie de l'ensemble des sauts totalement inaccessibles</u> du processus d'incursion, et qu'on peut donc lui appliquer la théorie du système de LEVY. Les fonctionnelles additives du processus d'incursion et le noyau de

LEVY du processus d'incursion se laissent bien interpréter sur le processus initial, et on obtient le résultat suivant

9 THEOREME. Il existe une fonctionnelle additive continue (H_t) sur Ω, et un noyau N de F dans Ω, possédant les propriétés suivantes

1) Pour toute fonction positive h sur Ω, $\underline{\underline{F}}^o$-mesurable, la projection optionnelle (sur $(\underline{\underline{F}}_t)$) de la mesure

(5.10) $\sum_{s\in S'} h\circ j_s . \varepsilon_s$

est la mesure

(5.11) $N(X_s,h)I_{F}\circ X_s . dH_s$ (c'est aussi la proj. prévisible).

2) Pour tout $x\in F$, sur Ω muni de la mesure $N(x,.)$ ci-dessus, le processus $(X_t)_{t>0}$ est markovien, admet (Q_t) comme semi-groupe de transition, et admet une loi d'entrée (μ_t) dont chaque mesure est bornée, mais telle en général que $\lim_{t\to 0} \mu_t(1)=+\infty$. Quant à la v.a. X_0, elle est p.s. égale à x.

On a ainsi de manière directe l'un des résultats fondamentaux de GETOOR-SHARPE - mais non le plus profond d'entre eux, qui concerne le conditionnement, et que nous ne donnerons pas ici. Celui-ci peut se déduire du th.9, mais la méthode de MAISONNEUVE n'apporte rien de nouveau sur ce point : il faut reprendre la méthode de GETOOR-SHARPE.

10 On peut remplacer dans la somme (5.10) $h\circ j_s$ par $h\circ\theta_s$, à condition de faire dans l'énoncé du th. 9 les modifications suivantes : remplacer le semi-groupe de transition (Q_t) par (P_t), et le fait que chaque μ_t soit bornée par le fait que $N(x,.)$ elle même soit σ-finie.

Dans ce cas, en prenant h nulle sur $\{D<\infty\}$, la somme (5.10) se réduit à un seul terme, relatif au dernier intervalle contigu à M, s'il y en a un. On voit la relation avec le n°24 du chap.III : on peut en déduire le th. de WALSH, avec même des renseignements sur la loi d'entrée.

BIBLIOGRAPHIE

CHAPITRE I. Pour la théorie générale des processus, la référence principale est

[1] Dellacherie : capacités et processus stochastiques. Ergebnisse der M. Springer 1972.

Le point de vue " sans mesure" présenté ici n'est systématiquement exposé nulle part. Voir :

[2] Meyer : temps d'arrêt algébriquement prévisibles. Sém. Strasbourg VI (Lecture Notes 258) p.159.

Mais l'intérêt de ces notions est surtout apparu dans les travaux d'Azéma :

[3] Azéma : Le retournement du temps. Annales ENS, 1973 .

CHAPITRE II. La théorie des processus de Markov s'est d'abord intéressée aux processus "de Hunt", puis aux processus "standard" . La notion de processus " droit" présentée ici s'est perfectionnée assez lentement, l'étape essentielle étant l'article

[4] Shih : on extending potential theory to all strong Markov processes. Ann. Fourier 20, 1970, p.303-315.

En fait, la théorie des processus droits se déduit de celle de la compactification de Ray (Ray , Ann. Math. 70, 1959 ; Knight , Ill. J.Math. 1965) . Voir

[5] Walsh et Meyer : Quelques applications des résolvantes de Ray. Invent. Math. 14, 1971, p.143-166 .

La remarque de Mertens, qui met un point final à la question de savoir quels sont les "bons" processus de Markov, figure dans

[6] Mertens : processus de Ray et théorie du balayage. A paraître aux Invent. Math.

voir aussi, sur la portée et l'utilité de cette remarque

[7] Meyer : ensembles aléatoires markoviens homogènes . Sém. Strasbourg VIII, Lecture Notes (à paraître 1974),

la fin de l'exposé I.

La forme de la propriété forte de Markov du n°4 a été suggérée par les travaux d'Azéma ([3]), mais les résultats indiqués peuvent déjà se trouver chez

[8] Walsh : transition functions of Markov processes. Sém. Strasbourg VI, p.233-242 (Lecture Notes 258, 1972).

La " propriété de Markov modérée" a fait son apparition en théorie des chaînes de Markov (Chung, Doob) bien avant de servir en théorie des processus de Markov généraux. En tant que notion, elle apparaît dans

[9] Chung et Walsh : to reverse a Markov process. Acta Math. 123, 1970, 225-251.

Elle est utilisée dans [8]. Le résultat sur les processus de Ray mentionné dans le texte figure dans

[10] Walsh : two footnotes to a theorem of Ray (Sém. Strasbourg V, p.283).

CHAPITRE III. La théorie des fonctionnelles additives et multiplicatives est l'une des branches les plus anciennes de celle des processus de Markov. Les notions ont été dégagées par Dynkin , celle de temps terminal par Hunt. Pour la partie classique de la théorie la référence est

[11] Blumenthal et Getoor : Markov processes and potential theory. Academic Press 1968 .

La théorie de la"perfection" a été entièrement renouvelée par Walsh

[12] Walsh : the **perfection** of multiplicative functionals. Sém. de Strasb. VI, 1972, p.233-242 (Lect. Notes. 258).

Sur la topologie essentielle , voir

[13] Walsh : Some topologies connected with Lebesgue measure. Sém. Strasb. V, 1971, p.290-310 (Lect. Notes 191).

sans oublier toutefois que l'acte de foi initial en l'intérêt de ces topologies bizarres est venu de Doob. Sur les u-processus, inventés par Doob, et fondamentaux en théorie des frontières, voici une référence qui a surtout l'avantage d'être en français

[14] Meyer : Processus de Markov, la frontière de Martin (Lecture Notes 77, 1968)

mais il y a bien d'autres possibilités : Dynkin, Kunita-Watanabe,...
Pour le lemme 13, voir [7], ou l'article à paraître

[15] Benveniste et Jacod : Systèmes de Lévy (Invent. Math.).

Pour l'exemple " concret "de u-processus et le th. de Walsh (T24), voir

[16] Meyer, Smythe et Walsh : Birth and death of Markov processes. 6th Berkeley Symp. ,1971, vol.III, p.295-305 .

Le point de vue des ensembles aléatoires homogènes est celui de Maisonneuve, mais son travail principal n'est pas encore publié. Il est exposé dans les exposés III et IV de [7], écrits en collaboration avec lui. Pour le n°22, voir

[17] Meyer : Intégrales Stochastiques III , p.144-145 . Sém. de Strasbourg I, Lecture Notes 39, 1967 .

La démonstration est correcte en substance, mais vaseuse dans les détails.

La théorie des noyaux multiplicatifs (n°25) est traitée dans la thèse de J.Jacod ,

[18] Jacod : Produits directs de processus de Markov, chaînes semi-markoviennes et P-processus (à paraître en deux parties, dans le Bull. ou les Mémoires de la S.M.F.).

CHAPITRE IV. Pour la partie classique de la théorie, la meilleure référence est ici encore [11]. Le point de vue des mesures aléatoires homogènes est relativement nouveau, et il a amené tout naturellement à la notion des FA gauches d'Azéma (appelées par lui FA droites ! terminologie absurde). Ce point de vue est développé dans [3]. Le point de vue des mesures aléatoires homogènes (sur $\mathbb{R}_+^*$, correspondant donc aux FA classiques , mais n'admettant pas nécessairement une primitive) est développé dans un article à paraître

[19] Getoor et Sharpe : balayage and multiplicative functionals

qui contient d'ailleurs bien d'autres choses extrêmement intéressantes et qui est la suite de l'article fondamental

[20] Getoor et Sharpe : Last exit decompositions and distributions. Indiana J. of Math.

On a signalé au n°9 le noyau bipotentiel : cette notion a été utilisée par Sharpe dans

[21] Sharpe : Discontinuous additive functionals of dual processes. Z. für W-theorie 21, 1972, p. 81-95.

Voir aussi, pour des questions très voisines,

[22] Garcia-Alvarez : Représentation des noyaux excessifs. Annales I.H.P., 1973.

Pour une version moderne du th.10, et les ths. 12-13, voir

[23] Benveniste et Jacod : Projection de fonctionnelles additives et représentation des potentiels d'un processus de Markov. C.R.A.S. Paris, t.276, 1973, série A, p.1365-68.

La théorie des fonctions fortement surmédianes et de leur représentation (liée à celle des FA gauches) est développée dans une série d'articles de J.F.Mertens : [6] cité plus haut, et

[24] Mertens : Processus stochastiques généraux et surmartingales. Z. für W-theorie 22, 1972, p.45-68.

[25] Mertens : Strongly supermedian functions and optimal stopping.

Sur le n°15, voir un très intéressant article

[26] Föllmer : The exit measure of a supermartingale. Z.f.W-th.,21, 1972, p.154-166.

L'article de Getoor mentionné au n° 18 est

[27] Getoor : Some remarks on continuous additive functionals Ann. Math. Stat. 38-2, 1967, p.1655-1660.

(la démonstration de ce théorème nous avait semblé présenter un point obscur, au séminaire, il y a plusieurs années. Nous n'avons jamais revu la question). Enfin, les identités du n°21 sont établies - en supposant que M ne s'annule pas - dans l'article

[28] Meyer : Quelques résultats sur les processus de Markov. Invent.Math. 1, 1966, 101-115.

CHAPITRE V. La théorie des systèmes de Lévy des processus de Markov est due, sous sa forme primitive, à divers auteurs japonais : Motoo, Ikeda, Kunita, S.Watanabe : elle reposait alors sur la théorie des intégrales stochastiques, et exigeait des hypothèses assez fortes : processus de Hunt sous hypothèse (L) de continuité absolue. La possibilité de s'affranchir de l'hypothèse (L) dans le théorème de Motoo (th.20 du chap.IV) a été établie par Mokobodzki dans des articles remarquables :

[29] Mokobodzki : Densité relative de deux potentiels comparables et Quelques propriétés remarquables des opérateurs presque positifs. Sém.Strasbourg IV, Lect. Notes. vol.124,1970, p.170-207.

Mais dans la situation qui nous occupe, il existe une démonstration plus simple, due à Getoor, dans le Séminaire Str. V, p.231. A partir de ce théorème de Mokobodzki, A.Benveniste a étendu la théorie du système de Lévy aux processus de Hunt

[30] Benveniste : le noyau de Lévy d'un processus de Hunt sans hypothèse (L). Sém. Strasbourg VII, L.Notes vol.321, 1973, p.1-24.

Au même moment, Walsh et Weil, sous hypothèse (L), débarrassaient la théorie des hypothèses du type "Hunt" :

[31] Walsh et Weil : Représentation de temps terminaux, applications aux systèmes de Lévy. Ann.ENS, 5, 1972, p.121-155.

La synthèse de tous ces résultats a été effectuée dans un article définitif, qui améliore encore beaucoup la situation

[32] Benveniste et Jacod : article à paraître aux Invent.Math.

PROCESSUS DE DIFFUSION

ET

EQUATIONS DIFFERENTIELLES STOCHASTIQUES

par P. PRIOURET

Chapitre I

INTEGRALES STOCHASTIQUES

La première construction de l'intégrale stochastique par rapport à une martingale de L^2 est due à Courrège [1]. La théorie générale a été faite par Kunita et S. Watanabe [3] ; voir aussi Meyer [5] et lorsque la martingale est continue, Neveu [6]. Pour les martingales locales, voir [2].

1 - Processus croissant : Soient (Ω, F, P) un espace de probabilité et $(F_t, t \in R_+)$ une famille croissante de sous tribus de F qu'on suppose contenir les ensembles négligeables de F.

Introduisons quelques notations. Les processus envisagés sont adaptés aux F_t.

$\mathcal{M}_c = \{M = (M_t, t \in R_+) ; M_t$ martingale continue t.q. $E\, M_t^2 < +\infty$ pour tout $t\}$

$\mathcal{A}_c^+ = \{A = (A_t, t \in R_+) ; A_0 = 0, A_t$ processus croissant continu t.q $E\, A_t < +\infty\}$

$\mathcal{A}_c = \{V = (V_t, t \in R_+) ; V = A - A' ; A, A' \in \mathcal{A}_c^+\}$

$\mathcal{A}_c$ est la famille des processus à variations bornées, continus. Les processus sont définis à une indistingabilité près.

Théorème 1 : (Meyer [4]). Soit $M \in \mathcal{M}_c$, il existe $A \in \mathcal{A}_c^+$, unique, tel que $(M_t^2 - A_t)$ soit une martingale.

On notera $A = \langle M, M\rangle$ ou $\langle M\rangle$

On a les relations pour $s \leq t$,

(1) $E\left[M_t^2 - M_s^2 | F_s\right] = E\left[(M_t - M_s)^2 | F_s\right] = E\left[\langle M\rangle_t - \langle M\rangle_s | F_s\right]$

Ces relations sont encore vraies si s et t sont remplacées par des temps d'arrêt bornés S et T tels que $S \leq T$.

Par exemple, si $(\Omega, F, P, (\beta_t)_{t \in R_+})$ est un mouvement brownien sur R et si $F_t = \sigma(\beta_s, s \leq t)$ complétées ; on a

$$E\left[(\beta_t - \beta_s)^2 | F_s\right] = E\left[(\beta_t - \beta_s)^2\right] = t - s \text{ d'où } \langle\beta_t\rangle = t.$$

Corollaire 2 : Soient M, N $\in \mathcal{M}_c$; il existe V unique dans $\mathcal{A}_c$ tel que $M_t N_t - V_t$ soit une martingale.

On notera V = <M, N>.

Il suffit de prendre $\langle M, N\rangle = \frac{1}{2}\left[\langle M + N\rangle - \langle M\rangle - \langle N\rangle\right]$ et on a pour $s \leq t$,

$$(2)\quad E\left[M_tN_t - M_sN_s | F_s\right] = E\left[(M_t - M_s)(N_t - N_s) | F_s\right] = E\left[\langle M, N\rangle_t - \langle M, N\rangle_s | F_s\right]$$

Exemple : nous allons donner un exemple tiré de la théorie des diffusions sur lequel on reviendra par la suite.

Soit $L = \sum_{i,j=1}^{d} a_{ij}(x) \frac{\partial^2}{\partial x_i \partial x_j}$ - (a_{ij}) bornée, continue, non négative-, et considérons un processus de Markov $X = (\Omega, F, X_t, P_x)$, de semi-groupe P_t, à trajectoires continues de générateur L au sens suivant :

(3) pour tout $f \in C_k^2$, $P_t f(x) - f(x) = \int_0^t P_s Lf(x)\, ds$

Admettons pour l'instant l'existence d'un tel processus, tel que $\sup_{t\leq u} E_x X_t^2 < +\infty$, c'est le cas pour $L = \frac{1}{2}\Delta$ où alors X est le mouvement brownien.

De (3) on déduit

(4) pour tout $f \in C_k^2$, $Y_t = f(X_t) - f(X_o) - \int_0^t Lf(X_s)\, ds$ est une P_x martingale

En effet, pour $u < t$

$$E_x\left[Y_t - Y_u | F_u\right] = E_x\left[f\circ X_t - f\circ X_u - \int_u^t Lf(X_s)\, ds | F_u\right]$$

$$= E_x\left[\{f\circ X_{t-u} - f\circ X_o - \int_0^{t-u} Lf(X_s)ds\}\circ \theta_u | F_u\right]$$

$$= E_x E_{X_u}(Y_{t-u}) = 0 \text{ car } E_y Y_t = 0 \text{ d'après (3).}$$

Introduire $\mathcal{H} = \{f \in C^2(R^d)\ ;\ |f| + \sum|D_{ij}f| \leq K(1 + |x|^2)$ alors

(5) pour tout $f \in \mathcal{H}$, $Y_t = f\circ X_t - f\circ X_o - \int_0^t Lf(X_s)\, ds$ est une P_x martingale.

En effet, si $f \in \mathcal{H}$, il existe $f_n \in C_k^2$ tel que $f_n(x) \longrightarrow f(x)$,

$Lf_n(x) \longrightarrow Lf(x)$ avec $|f_n(x)| + |Lf_n(x)| \leqslant K(1 + |x|^2)$; on en déduit que

$Y_t^n \longrightarrow Y_t$ avec $|Y_t^n| \leqslant K(1 + |X_t|^2)$ intégrable, d'où (5).

Considérons alors $f(y) = y^i$, $Lf = 0$ d'où X_t^i est une P_x-martingale,

puis $f(y) = y^i y^j$, $Lf(y) = a_{ij}(y)$, donc

$X_t^i X_t^j - x^i x^j - \int_0^t a_{i,j}(X_s)\, ds$ est une P_x-martingale, d'où

$\langle X^i \rangle_t = \int_0^t a_{ii}(X_s)\, ds$; $\langle X^i, X^j \rangle_t = \int_0^t a_{ij}(X_s)\, ds$ - remarquer que $a_{ii} \geqslant 0$

En particulier, si $L = \frac{1}{2}\Delta$, $\langle X^i, X^j \rangle_t = \delta_{ij}.t$

Donnons un résultat utile sur $\langle M \rangle$.

Proposition 3 : Soit $M \in \mathcal{M}_c$; fixons $s \in R_+$ et étant donnée une subdivision $\delta : 0 = t_o < t_1 < \ldots < t_n = s$ de $[0, s]$, posons $|\delta| = \sup |t_{i+1} - t_i|$ et $S(\delta) = \sum (M_{t_{i+1}} - M_{t_i})^2$. Alors $S(\delta)$ converge vers $A_s = \langle M \rangle_s$ dans L^1 lorsque $|\delta| \to 0$.

Démonstration : supposons d'abord que pour tout t, $|M_t| + A_t \leqslant C$ p.s.

On a $E[S(\delta)] = \sum E(M_{t_{i+1}} - M_{t_i})^2 = \sum E(A_{t_{i+1}} - A_{t_i}) = E(A_s)$ et

$$E[S(\delta) - A_s]^2 = E[(\sum \{M_{t_{i+1}} - M_{t_i})^2 - (A_{t_{i+1}} - A_{t_i})\})^2]$$

$$= E[\sum \{(M_{t_{i+1}} - M_{t_i})^2 - (A_{t_{i+1}} - A_{t_i})\}^2]$$

$$\leqslant 2E(\sum (M_{t_{i+1}} - M_{t_i})^4 + 2E(\sum (A_{t_{i+1}} - A_{t_i})^2)$$

$$\leqslant 2E[\sup_i (M_{t_{i+1}} - M_{t_i})^2 . S(\delta)] + 2E[\sup_i (A_{t_{i+1}} - A_{t_i}).A_s]$$

On en déduit -compte tenu de $E(S(\delta)) = E(A_s) \leqslant C$-

$E[S(\delta) - A_s]^2 \leqslant 4C^3 + 2C^2$ puis $\sup_\delta E(S(\delta))^2 < +\infty$;

On a donc :

$$E[S(\delta) - A_s]^2 \leqslant 2\{\sup_\delta E(S(\delta))^2 . E[\sup (M_{t_{i+1}} - M_{t_i})^4]\}^{1/2}$$

$$+ 2CE(\sup_i (A_{t_{i+1}} - A_{t_i}))$$

et on conclut en remarquant que $\text{Sup}\,(M_{t_{i+1}} - M_{t_i})^4$ et $\sup\,(A_{t_{i+1}} - A_{t_i})$

tendent vers 0 lorsque $\delta \to 0$ en restant bornés.

Passons au cas général. Soit $T_n = \inf\,(t\ ;\ |M_t| + A_t \geq n)$, $T_n \to +\infty$.

Posons $M_t^n = M_{t\wedge T_n}$, $\hat{M}_t^n = M_t - M_t^n$, $A_t^n = \langle M_t^n \rangle$, $\hat{A}_t^n = \langle \hat{M}_t^n \rangle$ et $\hat{S}^n(\delta)$, $S^n(\delta)$

les sommes considérées. On vérifie facilement que $A_t^n = A_{t\wedge T_n}$ d'où

$|M_t^n| + A_t^n \leq n$ d'après la continuité.

$E(|A_s - S(\delta)|) \leq E(|A_s - A_s^n|) + E(|A_s^n - S^n(\delta)|) + E(|S_n(\delta) - S(\delta)|)$

Puisque $A_t^n = A_{t\wedge T_n}$, $E\,[|A_s - A_s^n|] \xrightarrow[n]{} 0$. De plus,

$$S^n(\delta) = S(\delta) + \hat{S}^n(\delta) - 2\sum E^{F_{t_i}}((M_{t_{i+1}} - M_{t_i})\,(\hat{M}^n_{t_{i+1}} - \hat{M}^n_{t_i}))$$ d'où

$E\,(|S^n(\delta) - S(\delta)|) \leq E(\hat{S}^n(\delta)) + 2\,\{E\,S(\delta).E\,\hat{S}^n(\delta)\}^{1/2}$, comme

$E(S(\delta)) = E(A_s)$ et $E(\hat{S}^n(\delta)) = E(\hat{A}_s^n) = E\,|(\hat{M}_s^n - \hat{M}_0^n)^2| = E|(M_s - M_{s\wedge T_n})^2|$

$\xrightarrow[n]{} 0$ d'où $\sup_{\delta} E(\hat{S}^n(\delta)) \xrightarrow[n]{} 0$ et $\sup E(|S^n(\delta) - S(\delta)| \longrightarrow 0$.

Comme d'après la première partie $E\,(|A_s^n - S^n(\delta)|) \xrightarrow[|\delta|\to 0]{} 0$ la démonstration est terminée.

2 - Intégrale stochastique

Si $V \in \mathcal{a}_c$, $V = A - B$ et on note $|V|$ le processus variation de V ;

si $(X_t,\ t \in R_+)$ est un processus adapté tel que $\int_0^t |X_s|\, d|V|_s < +\infty$, on

peut définir $\int_0^t X_s\, dV_s$, c'est un élément de $\mathcal{a}_c$.

On notera $\mathcal{E}$ l'ensemble des processus de la forme $X_t = \sum_{i=0}^{n} X_i 1_{[T_i, T_{i+1}[}(t)$

où $T_0 \leq T_1 \leq \ldots \leq T_{p+1}$ est une suite de temps d'arrêt bornés et où X_i

est v.a. F_{T_i} mesurable bornée.

Etant donné $A \in \mathcal{a}_c^+$, on pose

$\Lambda^2(A) = \{(X_t, t \in R_+)$ adapté, t.q. il existe $X_n \in \mathcal{E}$ t.q., pour tout t,

$E \int_0^t (X_s^n - X_s)^2 \, d A_s \xrightarrow[n]{} 0\}$

$L^2(A) = (X_t, t \in R_+)$ progressivement mesurable t.q. pour tout t,

$E \int_0^t X_s^2 \, d A_s < +\infty\}$.

Nous allons préciser les classes $\Lambda^2(A)$ et $L^2(A)$.

Rappelons que si on note $\mathcal{C}$ la classe des ensembles de $R_+ \times \Omega$ de la forme $\{(s, \omega)\}$; $\omega \in A$, $s \geq T(\omega)\}$; T t.a. , $A \in \mathcal{B}_T$; cette classe est stable par intersection et engendre une tribu $\tau(\mathcal{C})$ de $R_+ \times \Omega$ appelée la tribu des ensembles bien-mesurables.

Remarque : Un processus X adapté, continu à droite pourvu de limite à gauche (cad lag) ou bien continu à gauche est bien-mesurable.

Démonstration : on peut évidemment supposer X borné. Supposons X cad lag et pour $\varepsilon > 0$, considérons les t.a. $T_0^\varepsilon = 0$, $T_{n+1}^\varepsilon = \inf(t \,;\, t > T_n^\varepsilon |X_t - X_{T_n^\varepsilon}| > \varepsilon)$,

les T_n^ε sont des t.a croissant vers $+\infty$ (vu l'absence de discontinuités du second ordre) ; si on pose $X^\varepsilon = \sum_n X_{T_n^\varepsilon} 1_{[T_n^\varepsilon, T_{n+1}^\varepsilon[}$, X^ε est bien mesurable et $|X - X^\varepsilon| < \varepsilon$.

Supposons X continue à gauche et posons $X_t^n = \sum X_{\frac{k}{2^n}} 1_{[\frac{k}{2^n}, \frac{k+1}{2^n}[}(t)$

X_t^n est cad lag donc bien mesurable et $X_t^n \longrightarrow X_t$ (vu la continuité à gauche)

Proposition 4 : Un processus X de $L^2(A)$, bien mesurable, est dans $\Lambda^2(A)$.

Fixons $u \in R_+$, on a donc $E \int_0^u X_s^2 \, d A_u < +\infty$. Considérons la mesure Q sur les bien mesurables de $[0, u[\times \Omega$ définie par $Q(B) = E \int_0^u 1_B \, d A_u$; $X \in L^2(Q)$.

Soit $\mathcal{C}_u = \{B \,;\, 1_B = 1_A . 1_{[T, u[} \,;\, A \in F_T \,;\, T$ t.a$\}$; la famille $\{1_B \,;\, B \in \mathcal{C}_u\}$ est totale dans $L^2([0, u[\times \Omega, \tau(\mathcal{C}_u), Q)$. En effet, soit $Y \in L^2(Q)$ telle que $\int Y . 1_B \, dQ = 0$ pour tout $B \in \mathcal{C}_u$; considérons la classe $\mathcal{D} = \{\Phi \,;\, \Phi$ bornée et

$\int \Phi . Y dQ = 0\}$; $\mathcal{D}$ est un ev contenant les 1_B, $B \in \mathcal{C}_u$, est stable par limite croissante, donc $\mathcal{D}$ contient les fonctions $\tau(\mathcal{C}_u)$-mesurables bornées d'où $Y = 0$. On peut donc trouver si X est bien mesurable et dans $L^2(A)$ pour chaque n, $X^n \in \mathcal{E}$, tel que $E \int_0^n (X_s^n - X_s)^2 \, dA_s \leq 2^{-n}$, donc pour tout t,

$E \int_0^t (X_s^n - X_s)^2 \, d\, A_s \longrightarrow 0.$

<u>Proposition 5</u> : Si, p.s., la mesure associée à A_t est absolument continue par rapport à dt, $L^2(A) = \Lambda^2(A)$.

Soit X progressif, borné; considérons $X_t^h = \frac{1}{h} \int_{t-h}^h X_s \, ds$, d'après un théorème classique $X_t^h \longrightarrow X_t$ pp pour Lebesgue en t ; de plus, X_t^h est cont à gauche, borné, adapté donc dans $\Lambda^2(A)$. Mais $E\,(\int_0^t (X_u - X_u^h)^2 \, dA_u \xrightarrow[h]{} 0$ car, p.s en ω, $X_u - X_u^h \longrightarrow 0$ pp en dA_u en étant borné, donc $\int_0^t (X_u - X_u^h) \, dA_u \longrightarrow 0$ en étant borné par $C.A_t$. On passe facilement au cas général.

<u>Remarque</u> : Pour le cas où $M_t = B_t$ mouvement brownien, voir l'appendice à la fin du chapitre.

<u>Théorème 6</u> : Soit $M \in \mathcal{M}_c$; quelque soit $X \in \Lambda^2(\langle M\rangle)$, il existe $L \in \mathcal{M}_c$, unique, telle que $L_0 = 0$ et pour tout $N \in \mathcal{M}_c$, $\langle L, N\rangle_t = \int_0^t X_s \, d\langle M, N\rangle_s$.

<u>Démonstration</u> : Unicité - Si $\langle L, N\rangle = \langle L', N\rangle$ alors $\langle L - L', N\rangle = 0$ pour tout N ; si $L - L' = N$, on a $\langle L - L'\rangle = 0$ et $L = L'$.

Existence. Si $X = Y.1_{[S,T[}$, $Y \in F_S$; on définit L par $L_t = Y(M_{t\wedge T} - M_{t\wedge S})$; par linéarité, on définit L pour $X \in \mathcal{E}$.

On posera $L = X.M$ ou $\int X \, dM$ et $L_t = \int_0^t X_s \, dM_s$.

<u>Lemme 7</u> : Soit $X \in \mathcal{E}$, $X.M = \int X.M$ appartient à $\mathcal{M}_c$ et vérifie

(7) pour tout $N \in \mathcal{M}_c$, $\langle X.M, N\rangle_t = \int_0^t X_s \, d\langle M, N\rangle_s$

En particulier

(8) $\langle X.M\rangle_t = \int_0^t X_s^2 \, d\langle M\rangle_s$

Grâce à la linéarité il suffit de montrer (7) pour $X = Y1_{[S,\, u[}$, S ta $\leqslant u$, Y F_S-mesurable.

On a $(X.M)_t = Y(M_{u\wedge t} - M_{S\wedge t})$, $\int_0^t X_s \, d\langle M, N\rangle_s = Y(\langle M,N\rangle_{u\wedge t} - \langle M,N\rangle_{S\wedge t})$; il faut donc montrer que $Z_t = Y(M_{u\wedge t} - M_{S\wedge t}).N_t - Y(\langle M,N\rangle_{u\wedge t} - \langle M,N\rangle_{S\wedge t}) = Y.U_t$ est une martingale.

Si $u \leqslant s \leqslant t$, il est évident que $E(Z_t|F_s) = Z_s$; supposons donc $s \leqslant t \leqslant u$, alors $E\,(Z_t|F_s) = E\,(Y(1_{[S\leqslant s]} + 1_{[s<S\leqslant t]} + 1_{[S>t]}) .\, U_t|F_t) =$

$$I_1 + I_2 + I_3$$

$I_1 = E(Y1_{[S\leqslant s]}(M_t.N_t - \langle M, N\rangle_t - M_{s\wedge S}.N_t + \langle M,N\rangle_{s\wedge S})|F_s$ car si $S \leqslant s$, $S\wedge t = S = S\wedge s$,

$= Y1_{[S\leqslant s]}\{E(M_t.N_t - \langle M,N\rangle_t|F_s) - M_{s\wedge S}N_s + \langle M,N\rangle_{s\wedge S}\}$ car $Y1_{[S\leqslant s]} \in F_S$,

$= Y1_{[S\leqslant s]}\{M_s\, N_s - \langle M,N\rangle_s - M_{s\wedge S}.N_s + \langle M,N\rangle_{s\wedge S}\}$

$= Z_s$ car si $s < S$, $\{-\} = 0$

$I_2 = E(Y1_{[s<S\leqslant t]}U_t|F_s) = [E\, [E\, \ldots|F_{s\vee S\wedge t}]\, |F_s]$

Mais comme ci-dessus et vu que $Y1_{[s<S\leqslant t]}$ est $F_{s\vee S\wedge t}$-mesurable,

$E[\ldots[F_{s\vee S\wedge t}] = Y1_{[s<S\leqslant t]}(M_{s\vee S\wedge t}N_{s\vee S\wedge t} - \langle M,N\rangle_{s\vee S\wedge t} - M_{s\vee S\wedge t\wedge S}N_{s\vee S\wedge t}$

$$+ \langle M,N\rangle_{s\vee S\wedge t\wedge S}) = 0.$$

Enfin I_3 est évidemment nul.

Quant à (8) il suffit de remarquer que,

$\langle X.M\rangle_t = \langle XM, XM\rangle_t = \int_0^t X_s \, d\, \langle M, XM\rangle_s$ mais $\langle M, XM\rangle_s = \int_0^s X_u \, d\, \langle M\rangle_u$

donc $\langle XM\rangle_t = \int_0^t X_s^2 \, d\, \langle M\rangle_s$.

Revenons au théorème. Pour chaque t, $I_t : X \longrightarrow I_t(X) = \int_0^t X_s dM_s$ est une application de $\mathcal{E}$ dans $L^2(\Omega, F, P)$ telle que $E(I_t(X))^2 = E \int_0^t X_s^2 dA_s$, où $A = \langle M\rangle$ - ; elle se prolonge de façon unique en une application linéaire de $\Lambda^2(\langle M\rangle)$ dans $L^2(\Omega, F, P)$ avec la même propriété. Montrons qu'on peut trouver une version continue des $I_t(X)$.

Choisissons une suite $X_n \in \mathcal{E}$ telle que $E \int_0^n (X_s^n - X_s)^2 \, d A_s \leqslant 2^{-n}$; on a alors, pour tout t, $\sum_n E\{\int_0^t (X_s^{n+1} - X_s^n)^2 \, d A_s\}^{1/2} < +\infty$. Alors,

$$E\left[\sup_{s\leqslant t} |(X^{n+1}M)_s - (X^nM)_s|\right] \leqslant E\{\sup_{s\leqslant t} |(X^{n+1}M)_s - (X^nM)_s|^2\}^{1/2}$$

$$\leqslant 4E\,\{|(X^{n+1}M)_t - (X^nM)_t|^2\}^{1/2}$$

d'après une inégalité de Doob ([4], ch. VI - n° 2)

$$\leqslant 4E\,(\int_0^t (X_s^{n+1} - X_s^n)^2 \, d A_s)^{1/2}$$

On a donc, pour tout t, $\sum_n E(\sup_{s\leqslant t} |(X^{n+1}M)_s - (X^nM)_s|) < +\infty$ d'où on déduit que p.s $\sum_n \sup_{s\leqslant t} |(X^{n+1}M)_s - (X^nM)_s| < +\infty$. Donc, p.s, $\int_0^t X_s^n \, dM_s$ converge uniformément sur tout compact et la limite est une version continue de $I_t(X)$. On note $\int_0^t X_s \, dM_s$ cette version ; comme pour chaque t, $\int_0^t X_s^n \, dM_s$ converge dans L^2 vers $\int_0^t X_s \, dM_s$, on en déduit facilement que $\int_0^t X_s \, dM_s$ est une martingale et on a $E(\int_0^t X_s \, dM_s)^2 = E\,(<\int XdM>_t) = E \int_0^t X_s^2 \, d<M>_s$.

Pour terminer nous aurons besoin du lemme :

<u>Lemme 8</u> : Soient $M_1, M_2 \in \mathcal{M}_c$ alors

(i) $|<M_1, M_2>|_t^2 \leqslant <M_1>_t . <M_2>_t$

(ii) $|\int_0^t f(s) \, d <M_1, M_2>|^2 \leqslant \int_0^t (f(s))^2 \, d<M_1>_s . <M_2>_t$

En effet, posant $\Delta<M_1, M_2> = <M_1, M_2>_v - <M_1, M_2>_u$; on a

$\Delta<M_1 + \alpha M_2> = \Delta<M_1> + 2\alpha\Delta<M_1, M_2> + \alpha^2\Delta<M_2> \geqslant 0$; d'où

$$|\Delta<M_1, M_2>|^2 \leqslant \Delta<M_1> \Delta(M_2).$$

On en déduit en prenant des subdivisions la relation (i). Quant à (ii), il suffit de prendre f étagée, $f = \sum \varphi(s_i) \, 1_{[s_i, s_{i+1}[}$ et d'utiliser (i).

Soit $L_n = \int X^n \, dM$, $L = \int X dM$, d'après le lemme 7, on a

$<L_n, N>_t = \int_0^t X_s^n \, d <M, N>_s$ pour $N \in \mathcal{M}_c$. Par ailleurs,

$$E\,(|<L - L_n, N>|_t) \leq E\,\{(<L - L_n>_t . <N>_t)^{1/2}\text{ , d'après (i)}$$

$$\leq [E <L - L_n>_t . E\, N_t]^{1/2}$$

$$= [E \int_0^t (X_s - X_s^n)^2 \, d <M>_s . E\, N_t]^{1/2} \longrightarrow 0 \; ;$$

$$|E\,(\int_0^t (X_s - X_s^n)\, d<M, N>_s| \leq E\,\{(\int_0^t (X_s - X_s^n)^2 \, d<M>_s . <N>_t\}^{1/2} \text{ d'après (ii)}$$

$$\leq (E(\int_0^t (X_s - X_s^n)^2 \, d <M>_s).E<N>_t)^{1/2} \longrightarrow 0$$

Ceci montre le théorème.

Proposition 9 : Soient $X \in \Lambda^2\,(<M>)$ et T un t.a. Alors $1_{[0,T[}X \in \Lambda^2(<M>)$ et pour tout $u \in R_+$, $(1_{[0,T[}X.M)_u = (X.M)_{u\wedge T}$.

Il est évident que $1_{[0,T[}X \in \Lambda^2(M)$. Remarquons également que, puisque, quelque soit $N \in \mathcal{M}_c$, $XM.N - <XM, N>$ est une martingale

on a $E\,[(X.M)_{u\wedge T} . N_{u\wedge T}] = E\,[<XM, N>_{u\wedge T}]$. Alors,

$$E(\{(1_{[0,T[}X.M)_u\}^2) = E \int_0^u 1_{[0,T[}X_s^2 \, d<M>_s = E \int_0^u \Lambda^T \, X_s^2 \, d<M>_s,$$

$E((1_{[0,T[}XM)_u . (XM)_{u\wedge T}) = E((1_{[0,T[}XM)_{u\wedge T})$-conditionné par $F_{u\wedge T^-}$

$$= E[<1_{[0,T[}X.M,\, X.M>_{u\wedge T}] = E \int_0^u 1_{[0,T[}X_s^2 \, d<M>_s = E\int_0^u \Lambda^T X_s^2 d<M>_s \text{ ; enfin}$$

$$E[\{(X.M)_{u\wedge T}\}^2] = E[<X.M,\, X.M>_{u\wedge T}] = E \int_0^u \Lambda^T \, X_s^2 \, d<M>_s.$$

De ces inégalités, on déduit que $E[\{(1_{[0,T[}X.M)_u - (X.M)_{u\,T}\}^2] = 0$, c'est-à-dire le résultat cherché.

Remarquons que si $M \in \mathcal{M}_c$ et si T est un t.a ; M^T définie par $M_t^T = M_{t\wedge T} \in \mathcal{M}_c$ et $<M^T>_t = <M>_{t\wedge T}$; de là, on déduit

Proposition 10 : Soient $X \in \Lambda^2(M)$ et T un t.a. Alors, pour tout $u \in R_+$, $(X.M)_{u\wedge T} = (X.M^T)_u$.

Il suffit de calculer $E\,\{(X.\,M)_{u\wedge T} - (X\,M^T)_u\}^2$ en utilisant la remarque ci-dessus et les évaluations de la proposition 9.

3 - Martingales locales

Introduisons de nouveaux espaces

$\mathcal{A}^+_{c,loc} = \{A = (A_t,\ t \in R_+)$ t.q il existe une suite $T_n \uparrow +\infty$ de t.a. telle que

$$\left[A_{T_n \wedge \cdot} \in \mathcal{A}^+_c\ \right\}$$

$\mathcal{A}_{c,loc} = \mathcal{A}^+_{c,loc} - \mathcal{A}^+_{c,loc}$.

$\mathcal{M}^{loc}_c = \{M = (M_t,\ t \in R_+)$; il existe $T_n \uparrow +\infty$, t.a. tels que $M^{T_n} \in \mathcal{M}_c\}$.

Les éléments de $\mathcal{M}^{loc}_c$ s'appellent les martingales locales continues.

Toute martingale continue est une martingale locale. Toute martingale locale positive continue est une surmartingale positive (utiliser le lemme de Fatou).

Proposition 11

Pour tout $M \in \mathcal{M}^{loc}_c$, il existe $A \in \mathcal{A}^+_{c,loc}$ unique tel que $(M^2_t - A_t) \in \mathcal{M}^{loc}_c$.

Pour tous $M, N \in \mathcal{M}^{loc}_c$, il existe $V \in \mathcal{A}_{c,loc}$ unique tel que $(M_t\, N_t - V_t) \in \mathcal{M}^{loc}_c$.

On notera encore $\langle M\rangle_t = \langle M,M\rangle_t = A_t$; $\langle M,N\rangle_t = V_t$.

Démonstration

Soit T_n une suite associée à M_t et soit A^n le processus croissant associé à M^{T_n}. Si $m < n$, $M^{T_m}_t = M_{t \wedge T_m} = M^{T_n}_{t \wedge T_m}$ a pour processus croissant associé $A^n_{t \wedge T_m}$ (d'après $\langle M^T\rangle = A_{T\wedge \cdot}$) donc si $t < T_m$, on peut définir A_t par $A_{t \wedge T_m}$. $A \in \mathcal{A}^+_{c,loc}$ et $(M^2_t - A_t) \in \mathcal{M}_{c,loc}$. Pour la deuxième partie, on choisit une suite T_n associée à la fois à M et N et on pose

$$V = \frac{1}{2}\left[\langle M + N\rangle - \langle M\rangle - \langle N\rangle\right]$$

On pose pour $M \in \mathcal{M}^{loc}_c$,

$L^\circ(<M>) = \{X = (X_t,\ t \in R_+)$, progressivement mesurable tel que pour tout t,

$\int_0^t X_s^2 \, d <M>_s < +\infty$ p.s. $\}$

Théorème 12

Soit $M \in \mathcal{M}_c^{loc}$; quel que soit $X \in L^\circ(<M>)$, bien mesurable, il existe $L \in \mathcal{M}_c^{loc}$, unique, telle que $L_0 = 0$ et pour tout $N \in \mathcal{M}_c^{loc}$, $<L, N>_t = \int_0^t X_s \, d <M, N>_s$. Si, ps, la mesure associée à $<M>$ est absolument continue par rapport à dt, ce résultat est vrai pour tout $X \in L^\circ(<M>)$.

Démonstration

Unicité . Si $<L, N>_t = <L', N>_t = \int_0^t X_s \, d <M, N>_s = 0$, $<L - L' , L - L'> = 0$ d'où $L = L'$.

Existence. Soit $R_p \uparrow +\infty$ une suite telle que $M^{R_p} \in \mathcal{M}_c$; on considère les t.a. $S_p = \inf(t ; \int_0^t X_s^2 \, d A_s \leq p)$, si on pose $T_p = S_p \wedge R_p$; $T_p \uparrow +\infty$, $M^{T_p} \in \mathcal{M}_c$, $\int_0^{t \wedge T_p} X_s^2 \, d A_s \leq p$. On pose $M^p = M^{T_p}$.

Le processus X appartient donc à $\Lambda^2(<M^p>)$ car il est bien mesurable et

$E\int_0^t X_s^2 \, d <M^p>_s = E \int_0^{t \wedge T_p} X_s^2 \, d <M>_s \leq p$ -proposition 4- ; on peut donc considérer la martingale de $\mathcal{M}_c(X.M^p)$. Si $q > p$, il résulte de la proposition 10, que $(X.M^p)_t = (X.M^q)_{t \wedge T_p}$, on définit donc un processus par la formule $L_t = (X.M^p)_t$ si $t < T_p$; ce processus est une martingale locale continue car $L_{t \wedge T_p} = (X.M^p)_t$.

Soit $N \in \mathcal{M}_c^{loc}$; on peut toujours supposer (en prenant éventuellement un inf) que $N^{T_p} \in \mathcal{M}_c$. Alors

$$<X.M^p, N^{T_p}>_t = \int_0^t X_s \, d <M^p, N^{T_p}>$$

Mais, proposition 11, $<X\, M^p, N^{T_p}>_t = <X.M, N>_{t \wedge T_p}$ et $\int_0^t X_s d <M^p, N^{T_p}> =$

$\int_0^{t\wedge T_p} X_s \, d\langle M,N\rangle_s$ d'où, pour tout t, $\langle XM, N\rangle_{t\wedge T_p} = \int_0^{t\wedge T_p} \left[X_s \, d\langle M, N\rangle_s\right]$

d'où le résultat puisque $T_p \to +\infty$.

Enfin si $d\langle M\rangle_t \ll dt$, la même démonstration s'applique en remarquant que $X \in \Lambda(M^p)$ d'après la proposition 5.

Enfin les propositions 9 et 10 se généralisent facilement et donnent :

Proposition 13

Si $X \in L^\circ(\langle M\rangle)$ est bien mesurable (resp $X \in L^\circ(\langle M\rangle)$ si $d\langle M\rangle \ll dt$) et si T est un t.a., $X\, 1_{[0,T[} \in L^\circ(\langle M\rangle)$ et est bien mesurable (resp $\in L^\circ(\langle M\rangle)$) et

$$(1_{[0,T[}X.M)_t = (X.M)_{t\wedge T} = (X.M^T)_t.$$

4 - Formule d'Ito

Théorème 14

Soient $X^i_t = X^i_o + M^i_t + Y^i_t$, $i = 1, 2\ldots d$ où $M^i \in \mathcal{M}^{loc}_c$, $M^i_o = 0$, $V^i_t \in \mathcal{A}_{c,loc}$ et f une fonction de classe C^2 sur R^d ; on pose $X = (X^1_t, \ldots, X^d_t)$ alors

$$f(X_t) - f(X_o) = \sum_{i=1}^{d} \{\int_0^t \frac{\partial f}{\partial x_i}(X_s)\, dV^i_s + \int_0^t \frac{\partial f}{\partial x_i}(X_s)\, d M^i_s\}$$

$$+ \frac{1}{2} \sum_{i,j=1}^{d} \int_0^t \frac{\partial^2 f}{\partial x_i\, \partial x_j}(X_s)\, d\langle M^i, M^j\rangle_s.$$

Démonstration

On va se limiter au cas d = 1 ; X = M + V. Introduisant $R_p \uparrow +\infty$ tel que $M_{t\wedge R_p} \in \mathcal{M}_c$, $V_{t\wedge R_p} \in \mathcal{A}_c$ puis $S_p = \inf\,(t \; ; |X_t| + |V_t| + \langle M\rangle_t \geq p)$

et $T_p = S_p \wedge R_p$, on peut supposer $M_t \in \mathcal{M}_c$, $V_t \in \mathcal{A}_c$, $\langle M\rangle \in \mathcal{A}^+_c$ bornés et f à support compact.

D'après la formule de Taylor,

$$f(x_2) - f(x_1) = (x_2-x_1)\, f'(x_1) + \frac{1}{2}(x_2-x_1)^2 f''(x_1) + r(x_1,x_2).|x_2-x_1|^2.$$

où $r(x_1, x_2)$ est une fonction borélienne bornée ; on peut trouver $g(y)$ borélienne, bornée, croissante en $|y|$ telle que $g(y) \underset{|y|\to 0}{\longrightarrow} 0$,

$|r(x_1, x_2)| \leq g(|x_2 - x_1|)$.

On a donc, pour une subdivision δ : $t_o = 0 < t_1 < \ldots < t_{n+1}$ de $[0, t]$,

$$f(X_t) - f(X_o) = \sum_{i=o}^{n} \{f(X_{t_{i+1}}) - f(X_{t_i})\}$$

$$= \sum f'(X_{t_i})(X_{t_{i+1}} - X_{t_i}) + \frac{1}{2} \sum f''(X_{t_i})(X_{t_{i+1}} - X_{t_i})^2$$

$$+ \sum |X_{t_{i+1}} - X_{t_i}|^2 \, r(|X_{t_{i+1}} - X_{t_i}|).$$

(1) $\sum f'(X_{t_i})(V_{t_{i+1}} - V_{t_i}) \to \int_o^t f'(X_s)\, dV_s$ p.s. et aussi dans L^1 vu les conditions de bornitude ; $\sum f'(X_{t_i})(M_{t_{i+1}} - M_{t_i}) \to \int_o^t f'(X_s)\, dM_s$ car

$$E\left[\int_o^t \{f'(X_s) - \sum f'(X_{t_i})\, 1_{[t_i, t_{i+1}[}\}\, dM_s\right]^2 =$$

$$= E \int_o^t \{f'(s) - \sum\{f'(X_{t_i})\, 1_{[t_i, t_{i+1}[}\}^2\, dA_s \to 0$$

vu l'uniforme continuité de f' où $A = \langle M \rangle$.

(2) Considérons $\sum f''(X_{t_i})(X_{t_{i+1}} - X_{t_i})^2$ qui comprend trois parties,

a) $$\left|\sum f''(X_{t_i})(V_{t_{i+1}} - V_{t_i})^2\right| \leq \underbrace{\sup|V_{t_{i+1}} - V_{t_i}|}_{\to 0} \cdot \underbrace{\sum |V_{t_{i+1}} - V_{t_i}|\, |f''(X_{t_i})|}_{\to \int_o^t |f''(X_s)|d|V_s|)}$$

$\to 0$ p.s. et aussi L^1

b) $$\left|\sum f''(X_{t_i})(V_{t_{i+1}} - V_{t_i})(M_{t_{i+1}} - M_{t_i})\right|$$

$$\leq \underbrace{\sup |M_{t_{i+1}} - M_{t_i}|}_{\to 0} \cdot \underbrace{\sum |V_{t_{i+1}} - V_{t_i}|\,|f''(X_{t_i})|}_{\to \int_o^t |f''(X_s)d|V_s|}$$

$\to 0$ p.s. et L^1.

c) $\left| \sum f''(X_{t_i}) (M_{t_{i+1}} - M_{t_i})^2 - \int_0^t f''(X_s)\, d A_s \right|$

$$\leq \left| \sum f''(X_{t_i}) \left[(M_{t_{i+1}} - M_{t_i})^2 \quad (A_{t_{i+1}} - A_{t_i})\right] \right|$$

$$+ \left| \sum f''(X_{t_i}) (A_{t_{i+1}} - A_{t_i}) - \int_0^t f''(X_s)\, d A_s \right|$$

Comme en (1) le dernier terme tend vers 0 avec δ ; il faut évaluer

$$\{E \mid \sum f''(X_{t_i}) ((M_{t_{i+1}} - M_{t_i})^2 - (A_{t_{i+1}} - A_{t_i})) \mid\}^2$$

$$\leq E \{\sum f''(X_{t_i}) ((M_{t_{i+1}} - M_{t_i})^2 - (A_{t_{i+1}} - A_{t_i}) \}$$

$$\leq E \{ \sum (f''(X_{t_i}))^2 ((M_{t_{i+1}} - M_{t_i})^2 - (A_{t_{i+1}} - A_{t_i}))^2 \}$$

$$\leq \sup|f''|^2 \, E \left[\sum \{(M_{t_{i+1}} - M_{t_i})^2 - (A_{t_{i+1}} - A_{t_i})\}^2 \right]$$

$$\leq C^{te} \{2E \left[\sup_i (M_{t_{i+1}} - M_{t_i})^2 S(\delta)\right] + 2E\left[\sup_i (A_{t_{i+1}} - A_{t_i}) A_s\right]\}$$

$\to 0$ (voir la première partie de la démonstration de la proposition 3).

(3) Enfin

$$\sum |X_{t_{i+1}} - X_{t_i}|^2 \, r(X_{t_{i+1}}, X_{t_i})$$

$$\leq 2 g \left[\sup_i |X_{t_{i+1}} - X_{t_i}| \right] (\sum (M_{t_{i-1}} - M_{t_i})^2 + \sum (V_{t_{i-1}} - V_{t_i})^2)$$

La quantité entre (-) tend vers A_t dans L^1 -proposition 3- et $g[\sup|X_{t_{i+1}} - X_{t_i}|] \longrightarrow 0$ en étant bornée puisque g est bornée. La quantité considérée tend donc vers 0 dans L^1 et on a montré le théorème.

Donnons deux applications de la formule de Ito.

<u>Théorème 15</u>

Soient $X_t^i \in \mathcal{M}_c^{loc}$ $(i = 1,\dots, d)$ telles que $\langle X^i, X^j\rangle_t = \delta_{ij}\, t$, $X_0^i = 0$, alors $X = (X_t^1,\dots, X_t^d)$ est un mouvement brownien sur R^d, adapté aux F_t

Remarque

Par mouvement brownien adapté aux F_t, on entend, en particulier que $X_t - X_s$ est indépendant de F_s si $s < t$.

Démonstration

Soit $u, x \in R^d$ et $f(x) = e^{i<x,u>}$, on a, pour $s < t$

$$e^{i<u,X_t>} - e^{i<u,X_s>} = \sum_i \int_s^t \frac{\partial f}{\partial x_i} (X_u) \, d\, X_u^i$$

$$+ \frac{1}{2} \sum_{i,j} \int_s^t \frac{\partial^2 f}{\partial x_i \, \partial x_j} (X_u) \, d <X^i, X^j>_t \; ;$$

on en déduit que,

$E(e^{i<u,X_t>} - e^{i<u,X_s>} | F_s) = E(- \frac{1}{2} |u|^2 \int_s^t f(X_v) dv | F_s)$, en particulier

si $A \in F_s$,

$E(1_A \, e^{i<u,X_t>}) - E(1_A \, e^{i<u,X_s>}) = - \frac{1}{2} |u|^2 E(\int_s^t e^{i<u,X_v>} dv . 1_A)$ ou encore

si $g(r) = E(e^{i<u,X_{s+r}>} . 1_A)$,

$g(t-s) - g(o) = - \frac{1}{2} |u|^2 \int_s^t g(v-s) dv$, c'est-à-dire pour $r = t-s$,

$g(r) - g(o) = - \frac{1}{2} |u|^2 \int_o^r g(v) \, dv$. D'où

$$g(r) = g(o) \exp (- \frac{1}{2} |u|^2 r), \text{ c'est-à-dire}$$

$E(e^{i<u,X_t - X_s>} | F_s) = e^{- \frac{|u|^2}{2} (t-s)}$ on en déduit que $X_t - X_s$ est indépendant de F_s et que la loi de $X_t - X_s$ est $e^{- \frac{|u|^2}{2} (t-s)}$ du, X_t est donc un mouvement brownien.

Proposition 16

Soient $M \in \mathcal{M}_c^{loc}$ et $V \in \mathcal{Q}_c^{loc}$, alors

$$M_t . V_t = \int_o^t M_s \, dV_s + \int_o^t V_s \, dM_s .$$

Appliquant la formule de Ito à $f(x, y) = xy$, on a :

$$M_t V_t = f(M_t, V_t) = \int_0^t M_s \, dV_s + \int_0^t V_s \, dM_s .$$

5 - Nous allons donner pour terminer des résultats qui précisent les relations entre martingales locales et processus croissants associés qui sont particulièrement utiles dans l'étude des intégrales stochastiques.

Proposition 17

Soient $A \in \mathcal{A}^+_{c,loc}$ et $M = (M_t, t \in R_+)$ un processus adapté continu ($M_0 = 0$). Il y a équivalence entre :

1) M_t est une martingale locale de processus croissant A_t.

2) Quel que soit $\theta \in R$, $X_t^\theta = \exp\left[\theta M_t - \frac{\theta^2}{2} A_t\right]$ est une martingale locale. De plus, si $E\left(\int_0^t e^{2\theta M_s} \, dA_s\right) < +\infty$, X_t^θ est une martingale. Si X_t^θ est une martingale et si, pour tout θ, t, $E(e^{\theta M_t}) < +\infty$, alors M_t est une martingale.

Démonstration : 1) $\Longrightarrow$ 2)

Appliquons la formule d'Ito (théorème 14) à $f(x) = e^x$ et à $Y_t^\theta = \theta M_t - \frac{1}{2}\theta^2 A_t$, on a

$$X_t^\theta = 1 + \int_0^t X_s^\theta . \theta . d M_s + \int_0^t \left(- \frac{\theta^2}{2}\right) X_s^\theta \, dA_s + \int_0^t \frac{\theta^2}{2} X_s^\theta \, d A_s$$

$$= 1 + \theta \, . \int_0^t X_s^\theta \, dM_s ,$$ qui est une martingale locale.

De cette formule, il résulte que si $E \int_0^t (X_s^\theta)^2 \, dA_s < +\infty$; X_t^θ est une martingale de $\mathcal{M}_c$ et cette condition est remplie si $E \int_0^t e^{2\theta M_s} \, dA_s < +\infty$.

2) $\Longrightarrow$ 1)

Supposons d'abord que X_t^θ soit une martingale et que $E(e^{\theta M_t}) < +\infty$ pour tout θ, ce qui entraîne que $E(e^{\theta |M_t|}) < +\infty$. Par hypothèse, pour tout $B \in F_s$, $\int_B X_t^\theta \, dP = \int_B \exp\left[\theta M_t - \frac{\theta^2}{2} A_t\right] dP = \int_B \exp\left[\theta M_s - \frac{\theta^2}{2} A_s\right] dP$, puisque $E(e^{\theta|M_t|}) < +\infty$, on peut dériver en θ et on obtient,

$$\int_B X_t^\theta \,(M_t - \theta A_t)\, dP = \int_B X_s^\theta \,(M_s - \theta A_s)\, dP, \text{ puis}$$

$$\int_B X_t^\theta \left[(M_t - \theta A_t)^2 - A_t\right] dP = \int_B X_s^\theta \left[(M_s - \theta A_s)^2 - A_s\right] dP$$

Faisant $\theta = 0$ on obtient d'abord que M_t est une martingale puisque $M_t^2 - A_t$ est une martingale.

Pour traiter le cas général, on considère la suite de t.a. $T_n = \inf (t \geq 0, |M_t| + A_t \geq n)$, $X^\theta_{t \wedge T_n}$ est une martingale locale bornée donc une martingale et on est dans les conditions ci-dessus.

<u>Théorème 18</u> (Majoration exponentielle)

Soit M_t une martingale locale continue de processus croissant A_t ; on suppose $M_o = 0$, $A_t \leq kt$, alors, pour tout T,

$$P\left[\sup_{0 \leq s \leq T} |M_s| \geq c\right] \leq 2 \exp\left[-\frac{c^2}{2KT}\right].$$

<u>Démonstration</u>

Considérons $X_t^\theta = \exp\left[\theta M_t - \frac{\theta^2}{2} A_t\right]$. On a déjà remarqué qu'une martingale locale ≥ 0 est une surmartingale ≥ 0 ; de plus, $E(X_t^\theta) \leq E(X_o^\theta) = 1$.

$$P\left[\sup_{0 \leq s \leq T} M_s \geq c\right] \leq P\left[\sup_{0 \leq s \leq T} X_s^\theta \geq \exp\left(\theta c - \frac{\theta^2}{2} kT\right)\right]$$

$$\leq \exp\left(-\theta c + \frac{\theta^2}{2} kT\right) \text{ -inégalité de Doob-}$$

$$\leq \exp\left(-\frac{c^2}{2kT}\right), \text{ minimum en } \theta \text{ de la fonction considérée}$$

On a le même résultat pour $P\left[\sup_{0 \leq s \leq T} (-M_s) \geq c\right]$; d'où le théorème.

<u>Proposition 19</u>

Soit M_t une martingale continue de processus croissant A_t, $M_o = 0$. Pour tout $p \geq 2$, il existe c_p telle que, pour tout t,

$$E\left[\sup_{s\leq t} |M_s|^p\right] \leq c_p\, E(A_t^{p/2})$$

Démonstration

Posant $T_n = \inf (s\ ;\ |M_s| \geq n)$; on se ramène au cas où $|M_s| \leq C$ p.s.

Si on applique la formule de Ito à $|x|^p$, on obtient :

$$|M_t|^p = \int_0^t p|M_s|^{p-1} \operatorname{sign} (M_s)\, dM_s + \int_0^t \frac{p(p-1)}{2} |M_s|^{p-2}\, d A_s$$

$$E(|M_t|^p) = \frac{p(p-1)}{2}\, E \int_0^t |M_s|^{p-2}\, d A_s \leq \frac{p(p-1)}{2}\, E\left|\sup_{s\leq t} |M_s|^{p-2}.A_t\right|$$

$$\leq \frac{p(p-1)}{2}\, ||A_t||_{\frac{p}{2}}\, \left|\left|\sup_{s\leq t} |M_s|^{p-2}\right|\right|_{\frac{p}{p-2}} , \qquad \text{(Holder)}$$

Mais vu que (par exemple Meyer [4]),

$$\left|\left|\sup_{s\leq t} |M_s|\right|\right|_p \leq \frac{p}{p-1}\, ||M_t||_p < +\infty$$

on a :

$$E\left[\sup_{s\leq t} |M_t|^p\right] \leq \left(\frac{p}{p-1}\right)^p \frac{p(p-1)}{2} \left\{E(A_t^{\frac{p}{2}})\right\}^{\frac{2}{p}} \left\{E(\sup_{s\leq t} |M_s|^p)\right\}^{\frac{p-2}{p}}$$

c'est-à-dire $E\left[\sup_{s\leq t} |M_t|^p\right] \leq c_p\, E(A_t^{p/2})$.

[1] P. COURREGE. Intégrales stochastiques et martingales de carré intégrable. Séminaire Brelot-Choquet-Deny, 7ème année, 1962-63, exposé 7.

[2] C. DOLEANS-DADE, PA. MEYER. Intégrales stochastiques par rapport aux martingales locales. Séminaire de Probabilités IV. Springer Verlag.

[3] H. KUNITA, S. WATANABE. On square integral martingales. Nagoya Math. J, 30, 1967, 209 - 45.

[4] PA. MEYER. Probabilité et Potentiel - Hermann 1966.

[5] PA. MEYER. Intégrales stochastiques - Séminaire de Probabilité I. Springer Verlag.

[6] J. NEVEU. Intégrales stochastiques et applications - Cours de troisième cycle. Université de Paris VI , 1971-72.

Appendice

Intégrale stochastique par rapport au mouvement brownien

On reprend les notations du n°2 ; on suppose $M_t = B_t$ mouvement brownien unidimensionnel, alors,

$\Lambda^2(\langle M\rangle) = \Lambda^2(dt) = \{X = (X_t, t \in R_+), X_t$ adapté et il existe $X^n \in \mathcal{E}$ tel que pour tout t $\quad E \int_0^t (X_s^n - X_s)^2 \, ds \xrightarrow[n]{} 0\}$.

Rappelons que $\Lambda^2(\langle dt \rangle)$ est la classe des processus pour lesquels on a défini une intégrale stochastique $\int_0^t X_s \, d B_s$ vérifiant, en particulier,

$$E\left(\int_0^t X_s \, d B_s\right)^2 = E\left(\int_0^t X_s^2 \, ds\right).$$

Proposition

Si $X = (X_t, t \in R_+)$ est un processus adapté, mesurable tel que $E \int_0^t X_s^2 \, ds < +\infty$ pour tout t ; alors X appartient à $\Lambda^2(dt)$.

Démonstration

On peut supposer X borné. Il suffit de montrer que pour tout $t \in R_+$ et tout $\varepsilon > 0$, il existe $X^p \in \mathcal{E}$ tel que $E \int_0^t (X_s^p - X_s)^2 \, ds \leq \varepsilon$.

On choisit alors X^n tel que $E \int_0^n (X_s^n - X_s)^2 \, ds \leq 2^{-n}$.

Fixons t, on définit $\tilde{X}(s, \omega)$ par $\tilde{X}(s, \omega) = X(s, \omega)$ si $0 \leq s \leq t$, par $\tilde{X}(s, \omega) = 0$ si $s \in R - [0,t]$.

On pose $\alpha_n(s) = [2^n s] / 2^n$, $[\ ]$ partie entière.

Rappelons que si $f \in L^2(\underline{R}, du)$, $\int |f(u+h) - f(u)|^2 \, du \xrightarrow[h\to 0]{} 0$,

donc $\quad \int |\tilde{X}(u+h) - \tilde{X}(u)|^2 \, du \xrightarrow[h\to 0]{} 0$ ps, en particulier, pour chaque s,

$$\int |\tilde{X}(\alpha_n(s) + u) - \tilde{X}(s+u)|^2 \, du \xrightarrow[n\to+\infty]{} 0 \text{ ps}$$

Mais $\tilde{X}$ est borné et $\tilde{X} = 0$ en dehors d'un intervalle de temps borné, on en déduit par le théorème de Lebesgue que,

$$E \int\int |\tilde{X}(\alpha_n(s) + u) - \tilde{X}(s + u)|^2 \, du \, ds \xrightarrow[n]{} 0 \quad \text{p.s.}$$

Il existe donc u et une sous suite n_j tels que,

$$E \int |\tilde{X}(\alpha_{n_j}(s) + u) - \tilde{X}(s+u)|^2 \, ds = E \int |\tilde{X}[\alpha_{n_j}(s-u)+u] - \tilde{X}(s)|^2 \, ds \xrightarrow[n_j \to +\infty]{} 0$$

On a donc trouvé un entier p et un réel u tel que

$$E \int_0^t |\tilde{X}(\alpha_p(s-u) + u) - X(s)|^2 \, ds \leqslant E \int |\tilde{X}(\alpha_p(s-u) + u) - \tilde{X}(s)|^2 \, ds \leqslant \varepsilon .$$

C'est le résultat cherché puisque $\tilde{X}(\alpha_p(s-u) + u) = Y_u^p(s) \in \mathcal{E}$.

Reprenant alors le théorème 12, on peut définir $\int_0^t X_s \, d B_s$ en tant que martingale locale pour tout processus $X = (X_t, t \in R)$ adapte, mesurable tel que $P(\int_0^t X_s^2 \, ds < +\infty) = 1$ pour tout t.

C'est là le résultat classique de la théorie de l'intégrale stochastique par rapport au mouvement brownien. Voir Mc Kean [1].

[1] Mc KEAN . Stochastic integrals. Academic Press.

CHAPITRE II

PROCESSUS DE DIFFUSION

1 - On considère sur R^d l'opérateur semi-elliptique :

$$L = \frac{1}{2} \sum_{i,j=1}^{d} a_{ij}(x) \frac{\partial^2}{\partial x_i \, \partial x_j} + \sum b_i(x) \frac{\partial}{\partial x_i}$$

où $a(x) = (a_{ij}(x))$ est une matrice symétrique, non négative (ie, pour tout $\lambda \in R^d$, $\sum a_{ij}(x)\lambda_i \lambda_j \geqslant 0$), mesurable et où $b(x) = (b_i(x))$ est un vecteur mesurable de R^d.

On suppose pour l'instant $a(x)$ et $b(x)$ bornés sur tout compact.

Définition 1 : On appelle processus de diffusion associé à L un processus de Markov sur R^d, à trajectoires continues, de semi-groupe (P_t) tel que :

(1) quel que soit $f \in C_k^\infty$, $P_t f(x) = f(x) + \int_0^t P_s L f(x)$.

Cette relation s'écrit aussi si $X = (\Omega, F, X_t, (P_x)_{x \in R^d})$ est le processus de Markov considéré,

(2) quel que soit $f \in C_k^\infty$, $E_x [f(X_t)] = f(x) + E_x \int_0^t L f(X_s)\, ds$.

On voit immédiatement (cf ch. I p.2 exemple) que ceci implique :

(3) quel que soit $f \in C_k^\infty$, $f(X_t) - f(X_0) - \int_0^t L f(X_s)\, ds$ est une martingale.

On va maintenant se placer sur l'espace canonique et établir des formulations équivalentes à (3). La définition que nous donnons d'une diffusion est due à Krylov [1] , l'importance de l'énoncé du problème sous la forme d'un problème de martingale a été mise en évidence par Stroock et Varadhan [3] , la présentation donnée ici suit celle de Doléans-Dellacherie- Letts - Meyer [2].

Introduisons :

$$\Omega = C(R_+, R^n)$$

$$X_t(\omega) = \omega(t)$$

$$F_t = \sigma(X_s, s \leqslant t).$$

Dans la suite, les processus envisagés sont adaptés aux F_t.

Théorème 2 : Soit P une probabilité sur (Ω, F_∞) telle que $P[X_o = x] = 1$, il y a équivalence entre :

(1) quelque soit $f \in C_k^\infty$, $H_t^f = f(X_t) - f(X_o) - \int_o^t L\, f(X_s)ds$ est une P-martingale

(2) quelque soit $f \in C^2$, H_t^f est une P-martingale locale.

(3) pour tout $\theta \in R^d$, $M_t^\theta = <\theta, X_t - X_o - \int_o^t b(X_s)\, ds>$ est une P-martingale locale de processus croissant $A_t^\theta = \int_o^t <\theta, a(X_s)\, \theta>\, ds$.

(4) pour tout $\theta \in R^d$, $X_t^\theta = \exp\left[<\theta, X_t - X_o - \int_o^t b(X_s)ds> - \frac{1}{2}\int_o^t <\theta, a(X_s)\, \theta>\, ds\right]$

est une P-martingale locale.

Démonstration : (1)$\Longrightarrow$(2)

Le passage de C_k^∞ à C_k^2 est évident par approximation. Soit $f \in C^2$, il existe $K_p \uparrow R^d$ et $g_p \in C_k^2$, $g_p = f$ sur K_p ; soit $T_p = \inf(t \,;\, X_t \notin K_p)$, la suite $T_p \uparrow +\infty$ d'après la continuité des trajectoires.

$H_{t \wedge T_p}^{g_p}$ est une martingale qui vaut $H_{t \wedge T_p}^f$ donc H_t^f est une martingale locale.

(2)$\Longrightarrow$(1)

Soit $f \in C_c^\infty$, H_t^f est une martingale locale bornée sur $[0, T]$ pour tout T donc une martingale.

(2)$\Longrightarrow$(3)

Considérons $f(y) = <\theta, y>$; d'après (2), $H_t^f = <\theta, X_t - X_o - \int_o^t b(X_s)ds> = M_t^\theta$ est une martingale locale.

Prenons $g(y) = <\theta, y>^2$, alors

$H_t^g = <\theta, X_t>^2 - <\theta, X_o>^2 - \int_o^t \{2 <\theta, X_s> <\theta, b(X_s)>\, ds - \int_o^t <\theta, a(X_s)\, \theta>\, ds\}$

est une martingale locale.

Ecrivons $H_t^g = N_t^\theta - \int_o^t <\theta, a(X_s)\, \theta>\, ds$; on a

$$(M_t^\theta + <\theta, X_o>)^2 - (N_t^\theta + <\theta, X_o>)^2 = 2 \int_o^t <\theta, b(X_s)> \, (M_s^\theta - M_t^\theta)\, ds$$

$$= 2 \int_o^t B_s\, d\, M_s^\theta,$$

où $B_s = \int_0^t \langle\theta, b(X_s)\rangle$ ds car d'après la proposition 16 chapitre I

$$\int_0^t M_s^\theta \, d B_s = M_t^\theta B_t - \int_0^t B_s \, d \hat{M}_s^\theta .$$

On en déduit donc que $(M_t^\theta)^2 - N_t^\theta$ est une martingale locale ainsi que $(M_t^\theta)^2 - \int_0^t \langle\theta, a(X_s)\,\theta\rangle \, ds$, ce qui est le résultat cherché.

(4) $\Longrightarrow$ (2)

On va d'abord montrer que, pour $f(x) = e^{\langle\theta,\, x\rangle}$

$f(X_t) - f(X_0) - \int_0^t L\, f(X_s)\, ds$ est une martingale locale.

Pour cela considérons

$V_t^\theta = \exp\left[\langle\theta, \int_0^t b(X_s)\, ds\rangle + \frac{1}{2} \int_0^t \langle\theta, a(X_s)\theta\rangle \, ds\right] \in \mathcal{A}_{c,loc}$; toujours d'après la proposition 16 chapitre I.

$V_t^\theta \, X_t^\theta - \int_0^t X_s^\theta \, d V_s^\theta = - \int_0^t V_s^\theta \, d X_s^\theta \in \mathcal{M}_c^{loc}$; on a donc

$$V_t^\theta X_t^\theta - \int_0^t X_s^\theta \, d V_s^\theta = \exp \langle\theta, X_t - X_0\rangle - \int_0^t \left[\langle\theta, b(X_s)\rangle + \frac{1}{2} \langle\theta, a(X_s)\theta\rangle\right] \exp \langle\theta, X_s - X_0\rangle \, ds$$

est une martingale locale mais ceci est le résultat cherché puisque

$$Lf(X_s) = \exp \langle\theta, X_s\rangle \left[\langle\theta, b(X_s)\rangle + \frac{1}{2} \langle\theta, a(X_s)\theta\rangle\right]$$

Mais toute fonction f de C^2 est limite uniforme de combinaison d'exponentielles pour la topologie de la convergence uniforme sur tout compact des deux premières dérivées ; et la propriété cherchée se conserve par ce passage à limite.

(3) $\Longleftrightarrow$ (4)

Cette équivalence est une conséquence immédiate de la proposition 17, chapitre I en écrivant $\langle\theta, \longrightarrow = \lambda \, \langle\theta_0, \longrightarrow$ où $\theta_0 = \frac{\theta}{|\theta|}$

<u>Proposition 3</u> : Soit P une probabilité sur (Ω, F) vérifiant une des conditions du théorème 2 et soit $M_t = X_t - X_0 - \int_0^t b(X_s)\, ds$; alors si $|a_{ij}(x)| \leqslant k$ pour tout i, j , on a :

(i) $\quad P\left[\sup_{0 \leqslant s \leqslant T} ||M_s|| \geqslant c\right] \leqslant 2\, d \exp\left[- \frac{c^2}{2\, k\, d^2\, T}\right]$

De plus, posant $\hat{M}_T^\theta = \sup_{s\leq T} |<\theta, M_s>|$, on a $E(e^{M_T^\theta}) \leq C < +\infty$,

C ne dépendant que de k, T, $|\theta|$.

Démonstration : Si $M_t = (M_t^1,.., M_t^d)$,

$$P\left[\sup_{s\leq T} ||M_s|| \geq c\right] \leq \sum_{i=1}^{d} P\left[\sup_{s\leq T} |M_s^i| \geq \frac{c}{d}\right] \leq 2\ d \exp - \left[\frac{c^2}{2kd^2T}\right],$$

ch. I, th. 18

De plus,

$$E(e^{\hat{M}_T^\theta}) = \int_0^{+\infty} P(e^{\hat{M}} > u)du \leq 1 + \int_1^{+\infty} P(e^{\hat{M}} > u)du, \text{ on pose } u = e^v$$

$$\leq 1 + \int_0^{+\infty} P(e^{\hat{M}} > e^v)e^v\, dv$$

$$\leq 1 + \int_0^{+\infty} P(\hat{M} > v)e^v\, dv$$

$$\leq 1 + \int_0^{+\infty} \exp\left(-\frac{v^2}{2kd^2T\,|\theta|^2}\right) e^v\, dv < +\infty .$$

Proposition 4 : Soit P une probabilité vérifiant une des conditions du théorème 2, si la matrice a est bornée sur R^d, les martingales locales M_t^θ et X_t^θ considérées en 3 et 4, th. 2 sont des martingales.

On va utiliser la proposition 17 chapitre I. On sait que X_t^θ est une martingale si $E(\int_0^t e^{2<\theta,M_s>} dA_t^\theta < +\infty$, mais

$$E(\int_0^t e^{2<\theta,M_s>}\, dA_t^\theta) = E \int_0^t e^{2<\theta,\, M_s>} <\theta,\, a(X_s)\,\theta>\ ds$$

$$\leq t\ ||a||\ |\theta|^2\ E(e^{\hat{M}_t^{2\theta}}) < +\infty \text{ , (proposition 3).}$$

Si X_t^θ est une martingale, M_t^θ est une martingale dès que $E(e^{<\theta,\, M_t>}) < +\infty$, ce que montre la proposition 3.

Définition 5 : On dit qu'une probabilité P sur (Ω, F) est une solution du problème des martingales (x, a, b) si :

(i) $P\ [X_0 = x] = 1$

(ii) quelque soit $f \in C_k^\infty$, $f(X_t) - f(X_0) - \int_0^t L\, f(X_s)ds$ est une martingale.

A partir de maintenant on suppose a et b bornés sur R^d.

Si P est une solution du problème des martingales (x, a, b), alors $M_t = X_t - X_o - \int_o^t b(X_s)\,ds$ est une martingale vectorielle et $<\theta, M_t>$ a pour processus croissant $\int_o^t <\theta, a(X_u)\,\theta>\,du$.

Si $\theta(u)$ est un processus progressivement mesurable tel que $E\int_o^t <\theta(u), a(X_u)\,\theta(u)>\,du < +\infty$, on peut définir $\int_o^t <\theta(u), dM_u>$; ceci résulte du chapitre I. On définira alors :

$\int_o^t <\theta(u), dX_u>$ comme $\int_o^t <\theta(u), dM_u> - \int_o^t <\theta(u), b(X_u)>\,du$.

La proposition 17 du chapitre I devient alors,

<u>Proposition 6</u> : Soit P une solution du problème des martingales, si θ_u est un processus progressivement mesurable tel que $E(\int_o^t <\theta(u), a(X_u)\,\theta(u)>\,du < +\infty$, alors $\exp\{\int_o^t <\theta(u), dX_u> - \int_o^t <\theta(u), b(X_u)>\,du - \frac{1}{2}\int_o^t <\theta(u), a(X_u)\theta(u)>\,du$ est une P martingale locale. C'est une martingale si θ est bornée.

2- On a toujours $\Omega = C(R_+, R^d)$; on munit Ω de la topologie de la convergence uniforme sur tout compact, alors Ω est un espace polonnais ; F est la tribu borélienne et pour tout t.a T, F_T est une sous tribu de F possèdant un système dénombrable de générateurs ; si P est une probabilité sur (Ω, F) il existe une version régulière de $P(\;|F_T)$ i.e. un noyau $N(\omega, A)$ tel que :

1) pour tout A, $N(.,A)$ est F_T-mesurable,

2) pour tout ω, $N(\omega,.)$ est une probabilité sur (Ω, F)

3) $N(.,A) = P(A|F_T)$ P p.s.

Introduisons sur Ω les opérateurs de translation :

θ_t définie par $\theta_t\ \omega(s) = \omega\,(t+s)$

θ_T défini par $\theta_T\ \omega(s) = \omega\,(T(\omega) + s)$.

<u>Proposition 7</u> : Soit P une solution du problème des martingales (x ; a, b);soit τ un t.a borné ; soit Q_ω une version régulière de $P(\;|F_\tau)$; alors il existe un ensemble P-négligeable N tel que :

(1) quelque soit $\omega \notin N$, et $\theta \in R^d$, $Y^\theta_\tau(\bar{\omega}, t) =$

$$\exp\left\{ <\theta\, X_{\tau(\bar{\omega})+t}(\bar{\omega}) - X_{\tau(\bar{\omega})}(\bar{\omega}) - \int_{\tau(\bar{\omega})}^{\tau(\bar{\omega})+t} b(X_s(\bar{\omega}))ds - \frac{1}{2}\int_{\tau(\bar{\omega})}^{\tau(\bar{\omega})+t} <\theta,\, a(X_s(\bar{\omega})\,\theta> ds> \right\}$$

est une Q_ω martingale par rapport aux $\theta_\tau^{-1}(F_t)$.

(2) Si on pose $H_\omega(A) = Q_\omega(\theta_\tau^{-1}(A))$, alors, pour tout $\omega \notin N$, H_ω est une solution du problème des martingales $(X_{\tau(\omega)}, a, b)$.

<u>Démonstration</u> : Remarquons d'abord que $Y^\theta_\tau(\bar{\omega}, t) = X^\theta_{\tau(\bar{\omega})+t}(\bar{\omega}).(X^\theta_{\tau(\bar{\omega})}(\bar{\omega}))^{-1}$

où X^θ_t est la martingale considérée en 3, th. 2.

Il s'agit de montrer que, pour $\omega \notin N$, $0 < s < t$, $A \in \theta_\tau^{-1}(F_s)$

(3) $E_{Q_\omega}\left[1_A\, Y^\theta_\tau(t)\right] = E_{Q_\omega}\left[1_A\, Y^\theta_\tau(s)\right]$

Soit $B \in F_\tau$ et considérons

$E\left[1_B(\omega)\, E_{Q_\omega}(1_A\, Y^\theta_\tau(t))\right] = E\left[1_B\, 1_A (X^\theta_\tau)^{-1}\, X^\theta_{\tau+t}\right]$.

Comme $F_\tau^{-1}(F_s) \subset F_{s+\tau}$, $1_B\, 1_A\, (X^\theta_\tau)^{-1}$ est $F_{s+\tau}$ -mesurable et on a ,

$$= E\left[1_B\, 1_A\, (X^\theta_\tau)^{-1}\, X^\theta_{\tau+s}\right]$$

$$= E\left[1_B(\omega)\;\; E_{Q_\omega}(1_A.\, Y^\theta_\tau(s)\right].$$

Il existe donc $N^{A,\theta}_{s,t}$, P négligeable tel que si $\omega \notin N^{A,\theta}_{s,t}$ on ait la relation (3). Soit pour chaque $s \in Q$, $\mathcal{F}_s$ un système de générateur dénombrable de $\theta_\tau^{-1}(F_s)$ et posons $N = \bigcup_{\substack{s,\,t \in Q \\ \theta \in Q^d}} \bigcup_{A \in \mathcal{F}_s} N^{A,\theta}_{s,t}$; N est P-négligeable et si $\omega \notin N$ la relation (3) est vraie quels que soient $s, t \in R$, $\theta \in R^d$, $A \in \theta_s^{-1}(F_s)$.

Si on considère l'application I de Ω ds Ω définie par

$(s \to X_s(\omega)) \longrightarrow (s \to X_{\tau(\omega)+s}(\omega))$; H_ω est l'image de Q par I et on a immédiatement la deuxième partie de l'énoncé.

<u>Remarque</u> : On a pour $\omega \notin N_0$, N_0 - P négligeable, $\tau(\omega) = \tau(\bar{\omega})$ Q_ω ps ; en effet $E(E_{Q_\omega} \mid \tau(\omega) - \tau(\bar{\omega})|) = E \mid \tau(\omega) - \tau(\omega)| = 0$ car $\tau(\omega) - \tau(\bar{\omega})$ est $F_\tau \otimes F$ mesurable en $(\omega, \bar{\omega})$; on peut donc énoncer : il existe N P-négligeable tel que quels que soient $\omega \notin N$ et $\theta \in R^d$,

(4) $Z^{\theta}_{\tau(\omega)}(\bar\omega, t) = \exp \{ <\theta, X_{\tau(\omega)+t}(\bar\omega) - X_{\tau(\omega)}(\bar\omega)> - \int_{\tau(\omega)}^{\tau(\omega)+t} (b(X_s(\bar\omega))$

$+ \frac{1}{2} <\theta, a(X_s(\bar\omega)) \theta>) ds$

est une Q_ω martingale par rapport aux $Q_\tau^{-1}(F_t)$ complétées par Q_ω .

Théorème 8 : Supposons que pour tout $x \in R^d$ il y ait une solution et une seule P_x au problème des martingales (x, a, b) et supposons que pour tout $A \in R^d$ et $t \in R_+$, $x \to P_x [X_t \in A]$ soit mesurable. Alors il existe une et une seule diffusion associée à L ; de plus ce processus est fortement markovien.

Démonstration : Unicité. Si on a deux diffusion X^1 et X^2 associées à L, on obtient en les transportant sur l'espace canonique deux diffusions $(\Omega, F_t, F, X_t, P^i_x)$ - i = 1, 2 - associées à L. Mais alors chaque P^i_x est une solution du problème des martingales (x, a, b), donc $P^1_x = P^2_x$.

Existence. Soit $X = (\Omega, F_t, F, X_t, P_x)$ où P_x est la solution de (x, a, b). Soit τ un t. a borné, on a avec les notations de la proposition 7,

$$P_x [\theta_\tau^{-1}(A) \mid F_\tau] = Q_\omega(\theta_\tau^{-1}(A))$$
$$= H_\omega(A) \text{ p.s.}$$

Mais d'après l'unicité des solutions de $(X_\tau(\omega), a, b)$, si $\omega \notin N$, $H_\omega(A) = P_{X_\tau(\omega)}(A)$, on a donc

$$P_x [\theta_\tau^{-1}(A) \mid F_\tau] = P_{X_\tau}(A) \text{ p.s.}$$

C'est la propriété de Markov forte pour un t.a borné ; elle implique la propriété de Markov forte pour un t.a quelconque. La mesurabilité de $x \to P_x[X_t \in A]$ assure celle de semi-groupe.

3 - On va maintenant donner des propriétés supplémentaires du processus de diffusion associé à L lorsque a et b sont continus bornés. Pour cela il nous faut quelques résultats préliminaires qui proviennent de [2] .

Proposition 9 : Soit M_t une martingale de processus croissant A_t ; on suppose que $|A_t - A_s| \leq K |t-s|$. Notons L_N l'ensemble des ω tel que pour tout $m \geq N$, pour tout p, pour tout intervalle I inclus dans $[0, m]$, de longueur 2^{-p} l'oscillation de $M_t(\omega)$ sur I est inférieure ou égale à 4 $[2.\log 2.\ m\ p\ K\ 2^{-p}]^{1/2}$;

alors $1-P(L_N) \leqslant \varepsilon_N$ où ε_N est une suite universelle tendant vers 0.

Démonstration : Soit $\delta_I(\omega) = \text{osc}\,(I, M_t(\omega))$. Si $I = [s, t]$,

$$P\,[\delta_I > 2c] \leqslant P\,[\sup_{r\in I} |M_r - M_s| > c] \leqslant 2\exp[-c^2/2\,K(t-s)].$$

Découpons $[0, m]$ en $m.2^p$ intervalles de longueur 2^{-p} ; si I_j est le $j^{\text{ème}}$ et si $c = [2\log 2.m\,p\,K\,2^{-p}]^{1/2}$,

$$P\,[\delta_{I_j} > 2c] \leqslant 2\exp\left[\frac{-2\log 2\,m\,p\,K\,2^{-p}}{2\,K\,2^{-p}}\right] = 2\exp\,[-\log 2.\,mp] = 2.2^{-mp},$$

$$P\,[\sup_j \delta_{I_j} \geqslant 2\,c] \leqslant 2m\,2^{p-mp},$$

$$P\,[\exists m > N,\ \exists p \text{ t.q } \sup \delta_{I_j} > 2c] \leqslant \sum_{m>N} \sum_p 2m\,2^{p-mp} \leqslant \sum_{m>N} 4m\,2^{1-m} = \varepsilon_N \to 0.$$

Mais si l'oscillation sur un intervalle de longueur inférieure à 2^{-p} dépasse 4c, l'oscillation dépasse 2c sur un des deux dyadiques contigus).

Considérons toujours Ω muni de la topologie de la convergence uniforme sur tout compact, Ω est polonais et F est la tribu borélienne.

Si $\mathcal{M}$ est un ensemble de probabilités sur Ω, $\mathcal{M}$ est relativement étroitement compact si pour tout $\varepsilon > 0$, il existe un compact K_ε de Ω tel que, pour tout $P \in \mathcal{M}$, $P(\Omega \setminus K_\varepsilon) < \varepsilon$; c'est le théorème de Prokhorov.

Nous allons utiliser ce résultat pour montrer,

Proposition 10 : Soit K un compact de R^d, $\mathcal{H}$ un ensemble de probabilités sur Ω et V un processus adapté à variation bornée, à valeur, R^d, $V_0 = 0$

On suppose

1) pour tout $P \in \mathcal{H}$, $P(X_0 \in K) = 1$,

2) pour tout $P \in \mathcal{H}$, $y \in R^d$, $\langle y, X_t - V_t \rangle$ est une martingale de processus croissant A_t^y,

3) pour tout y, $|y| \leqslant 1$ $|A_t^y - A_s^y| \leqslant K\,|t-s|$, $\|V_t - V_s\| \leqslant K\,|t-s|$;

alors $\mathcal{H}$ est étroitement relativement compact.

Démonstration : On pose $M_t = X_t - V_t = (M_t^1, .., M_t^d)$;

$L_N^i = \{\omega\ ;\ \forall m \geqslant N,\ \forall p,\ \forall I \subset [0, m]$, de longueur $\leqslant 2^{-p}$,

$$\text{osc}(I, M_t^i(\omega)) \leqslant 4\,[2\log 2mp\,K2^{-p}]^{1/2}\}$$

$L_N = \bigcap_1^d L_N^i$.

Soit $\varepsilon > 0$, il existe (proposition 9) N tel que pour tout $P \in \mathcal{H}$, $P(L_N) \geq 1-\varepsilon$.

Comme osc $(X_t^i, I) \leq$ osc (M_t^i, I) + osc (V_t^i, I) et que osc $(V_t^i, I) \leq K \ |I|$;

si on pose $\tilde{L}_N^i = \{\omega ; \forall m \geq N, \forall p, \forall I \subset [0, m]$ de longueur $\leq 2^{-p}$,

$$\text{osc } (X_t^i, I) \leq 5 \ [2 \log 2.mp \ K \ 2^{-p}]^{1/2}\}$$

$\tilde{L}_N = \bigcap_1^d \tilde{L}_d^i$; on a $L_N^i \subset \tilde{L}_N^i$ et $L_N \subset \tilde{L}_N$.

Posons $K_\varepsilon = \{X_o \in K\} \cap \tilde{L}_N$; alors $P(K_\varepsilon) \geq 1-\varepsilon$; et du théorème d'Ascoli, il résulte que K_ε est relativement compact.

Comme K_ε est évidemment fermé, K_ε est compact. Donc $\mathcal{H}$ est relativement compact. (Théorème de Prokhorov).

On va pouvoir préciser le théorème 8.

Théorème 11 : Supposons a et b continus bornés. Si pour chaque x, le problème des martingales (x, a, b) a une et une seule solution, il existe un et un seul processus de diffusion associé à L ; c'est un processus de Feller (en particulier il est fortement markovien).

Démonstration : On va montrer que $x \rightsquigarrow P_x$ est continue lorsqu'on munit l'ensemble des probabilités sur Ω de la topologie de la convergence étroite. Il suffit de montrer que si $x_n \to x$, $P_{x_n} \to P_x$ étroitement.

On va appliquer la proposition 10 en prenant pour K un compact contenant les x_n,

$\mathcal{H} = \{P_{x_n}\}$, $V_t = \int_0^t b(X_s)ds$

$M_t = X_t - X_o - \int_0^t b(X_s)ds$. Si $|y| \leq 1$, $|V_t - V_s| < ||b|| \ |t-s|$; M_t^y a pour processus croissant $A_t^y = \int_0^t < y, a(X_s)y > ds$, $|A_t^y - A_s^y| \leq ||a|| \ |t-s|$;

la famille P_{x_n} est donc étroitement relativement compacte.

Soit P une valeur d'adhérence et considérons pour $f \in C_k^\infty$,

$H_t^f = f(X_t) - f(X_o) - \int_0^t L f(X_s) \, ds$; $\omega \to H_t^f$ est continue bornée sur Ω.

Soit Φ une fonction continue bornée F_s-mesurable, si $s < t$,

$\int_\Omega H_t^f(\omega) \, \Phi(\omega) \, d P_{x_n}(\omega) = \int_\Omega H_s^f(\omega) \, \Phi(\omega) \, d P_{x_n}(\omega)$ - puisque P_{x_n} est solution du problème des martingales - ; on a à la limite,

$\int_\Omega H_t^f(\omega)\ \Phi\ (\omega)\ d\ P(\omega) = \int_\Omega H_s^f(\omega)\ \Phi\ (\omega)\ d\ P(\omega).$

Donc H_t^f est une P-martingale. Comme X_o est continue, $P(X_o = x) = 1$ et P est une solution de (x, a, b). L'unicité entraîne que $P = P_x$ et donc $P_{x_n} \to P_x$.

On peut maintenant appliquer le théorème 8. On obtient une diffusion de semi-groupe P_t ; on vient de montrer que $P_t(C_b) \subset C_b$. Il reste à montrer que $P_t(C_k) \subset C_o$.

Si le support de f est inclus dans $|y| \leqslant R$, et si $|f| \leqslant 1$,

$$\begin{aligned} P_t\ f(x) = E_x\ [f(X_t)] &\leqslant P_x\ [X_t \in B(0,\ R)] \\ &\leqslant P_x\ \left[\ |X_t - X_o| \geqslant \frac{|x|}{2}\right] \quad \text{si } |x| \geqslant 2R \\ &\leqslant P_x\ \left[\ |M_t - M_o| \geqslant \frac{|x|}{4}\right] + P_x\left[\left|\ \int_o^t b(X_s)ds\right| \geqslant \frac{|x|}{4}\right] \\ &\leqslant \quad C\ \exp\left[-\ \frac{|x|^2}{c't}\right] \quad \text{si } |x| \geqslant 4\ |b|\ t \\ &\to \quad 0 \text{ lorsque } |x| \to +\infty \end{aligned}$$

---

[1] KRYLOV : Quasi diffusion processes. Theory of probability and applications 1966, 11, 2.

[2] Séminaire de probabilité I - Springer Verlag p 241-282.

[3] STROOCK-VARADHAN : Diffusion processes with continuous coefficients comm in Pure and appl Math 1969 vol 22.

CHAPITRE III

EQUATIONS DIFFERENTIELLES STOCHASTIQUES

1 - Considérons un mouvement brownien $B = (\Omega, F_t, F, B_t, P)$, F_t-adapté, à valeurs R^d et $\sigma(s, \omega)$ un processus mesurable à valeurs les matrices $d \times d$ et tel que $\int_0^t |\sigma(s)|^2 ds < +\infty$ ps où $|\sigma| = \sqrt{T_r(\sigma\sigma^*)} = \sqrt{\sum \sigma_{ij}^2}$.

On peut alors définir $Y_t = \int_0^t \sigma(s)\, d B_s$ par $Y_t^i = \int_0^t \sigma_{i,j}(s)\, d B_s^j$, c'est une martingale locale vectorielle - voir le chapitre I.

On a,

$$\begin{aligned}
\langle Y^i, Y^j\rangle &= \sum_{k,l} \langle \int_0^t \sigma_{i,k}(s)\, d B_s^k, \int_0^t \sigma_{j,l}(s)\, d B_s^l\rangle \\
&= \sum_{k,l} \int_0^t \sigma_{i,k}(s)\, \sigma_{j,l}(s)\, d \langle B_s^k, B_l^k\rangle \\
&= \sum_k \int_0^t \sigma_{i,k}(s)\, \sigma_{j,k}(s)\, ds = \int_0^t (\sigma.\sigma^*)_{i,j}(s) \\
&= \int_0^t a_{ij}(s)\, ds
\end{aligned}$$

où $a = (a_{ij}) = \sigma.\sigma^*$.

En particulier $\langle \theta, Y_t\rangle$ a pour processus croissant $\int_0^t \langle \theta, a(s)\theta\rangle ds$.

On va s'intéresser à l'équation différentielle stochastique,

(1) $\qquad X_t = x + \int_0^t \sigma(X_s)\, d B_s + \int_0^t b(X_s)\, ds$

et définir de façon précise ce qu'on entend par solution de (1).

Définition 1

Etant donnés un champ de matrices $d \times d$ borélien $\sigma(x)$ et un champ de vecteurs boréliens $b(x)$, on appelle solution de l'équation

(2) $\qquad d X_t = \sigma(X_t)\, d B_t + b(X_t)\, dt$

de condition initiale $X_o = x$,

un terme $(\Omega, F, F_t, B_t, X_t, P)$ tels que

1) X_t et B_t sont des processus à valeurs R^d, ps continus ; B_t est F_t-mesurable ; X_t est $\overline{F_t}$-mesurable ; $B_o = 0$, $X_o = x$;

2) B_t est une martingale vectorielle telle que

$$<B_t^i, B_t^j> = \delta_{ij}\ t,$$

3) $\int_0^t |\sigma(X_s)|^2\ ds < +\infty$, $\int_0^t |b(X_s)|\ ds < +\infty$ ps,

4) $X_t = x + \int_0^t \sigma(X_s)\ d\ B_s + \int_0^t b(X_s)\ ds$.

Définition 2

On dira qu'il y a unicité trajectorielle des solution de (2) si étant données deux solutions $(\Omega, F_t, F, B_t, X_t, P)$ et $(\Omega, F_t, F, B_t, X'_t, P)$ définies sur le même espace, $X_o = X'_o = x$ implique $X_t = X'_t$ P p.s.

Définition 3

On dira qu'il y a unicité en loi des solutions de (2) si étant données deux solutions $(\Omega, F_t, F, B_t, X_t, P)$ et $(\Omega', F'_t, B'_t, X'_t, P')$ telles que $X_o = X'_o = x$; les processus X_t et X'_t ont même loi.

Nous supposerons à partir de maintenant σ et b bornés.

De plus nous noterons maintenant W l'espace canonique $C(R_+, R^d)$ et si X_t est un processus continu à valeurs R^d on notera $X_o(P)$ la probabilité sur W image de P par $\omega \to (t \to X_t(\omega))$ de Ω dans W.

Proposition 4

Si $(\Omega, F_t, B_t, X_t, P)$ est une solution de (1) alors X(P) est une solution du problème des martingales (x, a, b) ; $a = \sigma\sigma^*$.

En effet $<\theta, X_t - X_o - \int_0^t b(X_s)\ ds> = <\theta, \int_0^t \sigma(X_s)\ d\ B_s>$ a pour processus croissant $\int_0^t <\theta, a(X_s)\ \theta>\ ds$. On conclut par le théorème 2, chapitre II.

On va préparer une réciproque à la proposition 4.

Proposition 5

Soient (Ω, F_t, F, P) un espace de probabilité, Y_t un processus progressivement mesurable et $(\Omega', F'_t, F', B'_t)$ un mouvement brownien d dimensionnel. On suppose que,

quel que soit $\theta \in R^d$, $<\theta, Y_t>$ est une martingale de processus croissant

$\int_0^t \langle \theta, A(s)\, \theta \rangle \, ds$ où A(s) est un processus adapté à valeurs les matrices symétriques, positives, borné. Soit $\sigma(s)$ un processus tel que $\sigma(s)\sigma^*(s) = A(s)$.

Posons,

$\tilde{\Omega} = \Omega \times \Omega'$, $\tilde{P} = P \otimes P'$, $\tilde{F}_t = F_t \otimes F'_t$, $\tilde{G}_t$ complétée de $\tilde{F}_t$ par les $\tilde{P}$-négligeables. Alors il existe un mouvement brownien d-dim, B_t, sur $(\tilde{\Omega}, \tilde{G}_t, \tilde{G}, \tilde{P})$ tel que si $\tilde{Y}_t(\omega, \omega') = Y_t(\omega)$, $\tilde{\sigma}_s(\omega, \omega') = \sigma_s(\omega)$, on ait :

$$\tilde{Y}_t = \int_0^t \tilde{\sigma}_s \, d B_s \quad \tilde{P} \quad \text{p.s.}$$

Démonstration

$A^{1/2}$ désigne la racine carrée symétrique > 0 de A.

Soit C(t) la matrice de projection orthogonale sur $\text{Im}\left[A^{1/2}(t)\right]$, il existe une matrice D(t), symétrique, telle que :

$A^{1/2}(t) . D(t) = D(t) \; A^{1/2}(t) = C(t)$.

En effet soit $P \in O(d)$ telle que $P^{-1} A^{1/2} P = \begin{bmatrix} \lambda_1^{1/2} & & & & 0 \\ & \ddots & & & \\ & & \lambda_{r_0}^{1/2} & & \\ & & & \ddots & \\ 0 & & & & 0 \end{bmatrix}$, on peut prendre D telle que $P^{-1} D P = \begin{bmatrix} \lambda_1^{-1/2} & & & & 0 \\ & \ddots & & & \\ & & \lambda_{r_0}^{-1/2} & & \\ & & & \ddots & \\ 0 & & & & 0 \end{bmatrix}$.

Posons $\tilde{B}_s(\omega, \omega') = B'_s(\omega')$ et

$Z_t = \int_0^t D(s) \, d\tilde{Y}_s + \int_0^t (I - C(s)) \, d\tilde{B}_s$; on va chercher le processus croissant associé à $\langle \theta, Z_t \rangle = \theta^* Z_t$.

$\langle \theta^*, Z_t \rangle = \langle \theta^*, \int_0^t D(s)\, d\tilde{Y}_s \rangle + \langle \theta^*, \int_s^t (I - C(s))\, d\tilde{B}_s \rangle$ car $\langle \tilde{Y}_s, \tilde{B}_s \rangle = 0$, indépendance

$$= \int_0^t \theta^* D_s A_s D_s^* \theta \, ds + \int_0^t \theta^* (I - C(s)) (I - C(s))^* \theta \, ds$$

$$= \int_0^t \theta^* C(s) \theta \, ds + \int_0^t \theta^* (I - C(s)) \theta \, ds = |\theta|^2 t$$

donc Z_t est un d-mouvement brownien.

Soit maintenant $\sigma(s)$ tel que $\sigma(s) \sigma^*(s) = A(s)$; on montre facilement qu'il existe O(s) orthogonale, telle que $\sigma^*(s) = O(s) A^{1/2}(s)$.

Posons alors $B_t = \int_0^t O(s)\, dZ_s$; puisque $O(s) \in O(d)$, B_t est encore un mouvement brownien sur R^d. Il nous reste à calculer,

$$\int_0^t \tilde{\sigma}_s \, d B_s = \int_0^t \tilde{\sigma}_s \, O(s)\, D(s)\, d \tilde{Y}_s + \int_0^t \tilde{\sigma}_s \, O(s)\, (I-C(s))\, d \tilde{B}_s,$$

$$= \int_0^t A^{1/2}(s)\ \ D(s)\, d \tilde{Y}_s + \int_0^t A^{1/2}(s)\, (I-C(s))\, d \tilde{B}_s$$

$$= \int_0^t C(s)\, d \tilde{Y}_s \quad \text{car} \quad A^{1/2} = C\, A^{1/2} = A^{1/2}\, C$$

$$= Y_t - \int_0^t (I - C(s))\, d \tilde{Y}_s$$

$$= \tilde{Y}_t$$

car $E(\theta^* \int_0^t (I- C(s))\, d \tilde{Y}_s)^2 = E \int_0^t \theta^*(I-C(s))\, A(s)\, (I-C(s))^* \,\theta\, ds = 0.$

Théorème 6

Soient $\sigma(x)$ et $b(x)$ un champ de matrices $d \times d$ et un champ de vecteurs boréliens bornés et $a(x) = \sigma(x)\, \sigma^*(x)$. Le problème des martingales (x, a, b) a une et une seule solution si et seulement si il y a existence et unicité en loi des solutions de (1).

Démonstration

Soit P une solution du problème des martingales issue de x ; $Y_t = X_t - X_0 - \int_0^t b(X_s)\, ds$ est une P-martingale et le processus croissant associé à $\langle\theta, Y_t\rangle$ est $\int_0^t \langle\theta, a(X_s)\,\theta\rangle\, ds$. On applique la proposition 5 avec les mêmes notations et on pose $\tilde{X}_t(\omega, \omega') = X_t(\omega)$ alors il existe un brownien $\tilde{B}$ sur $(\tilde{\Omega}, \tilde{F}_t, \tilde{F}, \tilde{P})$ tel que,

$$\tilde{Y}_t = \tilde{X}_t - \tilde{X}_0 - \int_0^t b(\tilde{X}_s)\, ds = \int_0^t \sigma(\tilde{X}_s)\, d\, \tilde{B}_s.$$

On a construit une solution de l'équation (1) ; de plus il faut remarquer que la loi de $\tilde{X}_t$ est $\tilde{X}.\ (\tilde{P}) = X.(P) = P$.

Ceci et la proposition 4 montre le théorème.

Remarque

Considérons l'espace canonique (W, F_t, F, X_t) et soit P une solution du problème des martingales (x, a, b) ; il n'est pas possible en général d'en déduire qu'il existe une solution de (1) - où $\sigma\sigma^* = a$ - avec un mouvement brownien défini sur (W, F_t, F, P). Cela n'est possible que dans certains cas.

Supposons que $\sigma(x)$ soit telle que $\sigma^{-1}(x)$ existe et soit bornée ; et soit P une solution du problème $(x ; a, b)$; il résulte de la proposition 6, chapitre II que $\theta(s)$ est un processus adapté, alors, si $M_t = X_t - X_s - \int_0^t b(X_s) ds$,

$\exp \left[\int_0^t <\theta(s), dM_s> - \frac{1}{2} \int_0^t <\theta(s), a(X_s)\, \theta(s)> ds\right.$ est une P-martingale.

Choisissons $\theta(s) = \sigma^{*-1}(X_s)\, \theta$, $\theta \quad R^d$, alors

$$\exp \left[\int_0^t \theta^* \sigma^{-1}(s)\, dM_s - \frac{1}{2} \int_0^t \theta^* \sigma_s^{-1} \sigma_s \sigma_s^* \sigma_s^{*-1} \theta\, ds\right]$$

$= \exp \left[<\theta, \int_0^t \sigma^{-1}(s)\, dM_s > - \frac{1}{2} |\theta|^2 t\right]$ est une P-martingale.

$B_t = \int_0^t \sigma^{-1}(s)\, dM_s$ est donc un mouvement brownien sur (Ω, F_t, F, P) et

$$\int_0^t \sigma(s)\, d B_s = \int_0^t \sigma(s)\, \sigma^{-1}(s)\, dM_s = M_t = X_t - X_0 - \int_0^t b\, (X_s)\, ds.$$

2- <u>Théorème 7</u> (Yamada - S. Watanabe [2])

L'unicité trajectorielle implique l'unicité en loi.

<u>Démonstration</u>

Considérons une solution $(\Omega, F_t, F, B_t, X_t, P)$ de (2) issue de x. On introduit l'espace canonique $W = C(R_+, R^d)$ avec sa tribu borélienne $B(W)$ puis on note $\mathcal{B}_t(W) = \sigma(w(s), s \leq t)$ etc...

On considère alors $(W_1 \times W_2, \mathcal{B}(W_1 \times W_2))$ muni des tribus croissantes $\mathcal{B}_t(W_1 \times W_2)$; on note $Q(dw_1, dw_2)$ la probabilité sur $W_1 \times W_2$ image de P par (X_t, B_t) et notons $Q_{w_2}(dw_1)$ une version régulière de $Q(.|\mathcal{B}(W_2))$; $Q_{w_2}(.)$ a les propriétés suivantes :

1) pour tout w_2, $Q_{w_2}(.)$ est une probabilité sur $(W_1, \mathcal{B}(W_1))$

2) pour tout $B \in \mathcal{B}(W_1)$, $w_2 \to Q_{w_2}(B)$ est $\mathcal{B}(W_2)$ mesurable.

3) pour tout $B_1 \in \mathcal{B}(W_1)$, $B_2 \in \mathcal{B}(W_2)$,

$$Q(B_1 \times B_2) = \int_{B_2} Q_{w_2}(B_1)\, R(dw_2)$$

où R est la projection de Q sur W_2, i.e. la mesure de Wiener.

Lemme 8 :

Si $B \in \mathcal{B}_t(W_1)$, $Q_{w_2}(B)$ est $\mathcal{B}_t(W_2)$ mesurable à un ensemble négligeable près.

Démonstration (d'après Neveu [1]).

On note $\mathcal{C}_1 = (W_1, \emptyset)$; remarquons que la propriété 3) de Q_{W_2} signifie que :

(3) pour $A_1 \in \mathcal{B}(W_1)$, $Q(A_1 \times W_2 / \mathcal{C}_1 \otimes \mathcal{B}(W_2)) = Q_{w_2}(A_1)$ p.s.

On note $\mathcal{B}^t(W)$ la tribu $\sigma(\omega(u) - \omega(t), u \geqslant t)$; remarquons que les tribus $\mathcal{B}_t(W_1) \otimes \mathcal{B}_t(W_2)$ et $\mathcal{C}_1 \otimes \mathcal{B}^t(W_2)$ sont indépendantes pour Q.

En effet, notant $u : \Omega \to W_1 \times W_2$, $\omega \to (s \to (X_s(\omega), B_s(\omega)))$, il suffit de remarquer que $u^{-1}\left[\mathcal{B}_t(W_1) \otimes \mathcal{B}_t(W_2)\right] \subset F_t$ et $u^{-1}\left[\mathcal{C}_1 \otimes \mathcal{B}^t(W_2)\right]$ $= \sigma(B_u - B_t \; ; \; u \geqslant t)$ qui sont P-indépendantes.

On va utiliser le résultat suivant, si $\mathcal{B}_1$, $\mathcal{B}_2$, $\widehat{\mathcal{B}}$ sont des sous tribus d'un espace de probabilité telles que $\mathcal{B}_1 \vee \mathcal{B}_2$ et $\widehat{\mathcal{B}}$ soient indépendantes, alors si $A_1 \in \mathcal{B}_1$, $P(A_1 \mid \mathcal{B}_2) = P(A_1 \mid \mathcal{B}_2 \vee \widehat{\mathcal{B}})$. On applique ce résultat en remarquant que $\mathcal{B}_t(W_2) \vee \mathcal{B}^t(W_2) = \mathcal{B}(W_2)$, on a donc

$Q_{w_2}(A) = Q(A_1 \times W_2 \mid \mathcal{C}_1 \otimes \mathcal{B}(W_2)) = Q(A_1 \times W_2 \mid \mathcal{C}_1 \otimes \mathcal{B}_t(W_2))$ p.s. si $A_1 \in \mathcal{B}_t(W_1)$, ce qui montre le lemme.

Revenons à la démonstration du théorème. Soit $(\Omega', F'_t, F', B'_t, X'_t, P')$ une autre solution. On définit sur $(W_1 \times W_2 \times W_3, \mathcal{B}(W_1 \times W_2 \times W_3))$ la probabilité $\Pi(dw_1, dw_2, dw_3) = Q_{w_3}(dw_1)\left[Q'(dw_2)\right]R(dw_3)$, R mesure de Wiener.

On va montrer que $(W_1 \times W_2 \times W_3, \mathcal{B}_t(W_1 \times W_2, W_3), w_3(t), \Pi)$ est une martingale telle que $\langle w_3^i, w_3^j \rangle = \delta_{i,j} \cdot t$.

Soient Φ_1, Φ_2, Φ_3 des fonctions bornées sur $W, \mathcal{B}_s(W)$-mesurables, on a,

$$\int_{W_1 \times W_2 \times W_3} (w_3^i(t) - w_3^j(s)) \quad \Phi_1(w_1) \quad \Phi_2(w_2) \quad \Phi_3(w_3) \; \Pi(dw_1 \, dw_2 \, dw_3)$$

$$= \int_{W_3} (w_3^i(t) - w_3^i(s)) \int_{W_1} \Phi_1(w_1) \, Q_{w_3}(dw_1) = \int_{W_2} \Phi_2(w_2) \, Q'_{w_3}(dw_2) \cdot \Phi_3(w_3) R(dw_3)$$

d'après le lemme 8, $\int_{W_1}$ - et $\int_{W_2}$ - sont $\mathcal{B}_s(W_3)$ mesurable d'où = 0 et

$w_3^i(t)$ est une Π-martingale par rapport aux $\mathcal{B}_t(W_1 \times W_2 \times W_3)$.

Un calcul identique montre que,

$$\int_{W\times W\times W}\{(w_3^i(t)-w_3^i(s))(w_3^j(t)-w_3^j(s))-\delta_{ij}(t-s)\}\Phi_1(w_1)\Phi_2(w_2)\Phi_3(w_3)\Pi(dw_1dw_2dw_3)=0$$

ce qui montre que $\langle w_3^i, w_3^j\rangle = \delta_{i,j}\, t$.

Ceci fait, il reste à remarquer que si,

$X_t = x + \int_0^t \sigma(X_s)\, dB_s + \int_0^t b(X_s)\, ds$ P p.s. avec X_t F_t-mesurable alors

$w_1(t) = x + \int_0^t \sigma(w_1(s))\, dw_3(s) + \int_0^t b(w_1(s)\, ds$, Π p.s.,

car la loi de (X_t, B_t) pour P est celle de (w_1, w_3) pour Π .

De même

$w_2(t) = x + \int_0^t \sigma(w_2(s))dw_3\,(s) + \int_0^t b(w_2(s))\, ds$, Π p.s. ,

comme $w_1(o) = w_2(o) = x$, l'unicité trajectorielle implique que

$w_1(t) = w_2(t)$ Π p.s. Mais Q - resp Q' - est l'image de Π par

$(w_1, w_2, w_3) \to (w_1, w_3)$ - resp $(w_1, w_2, w_3) \to (w_2, w_3)$ - donc Q = Q' puisque

ces applications sont égales Π ps et donc $[X.(P)= X'(P')]$.

3- Nous allons maintenant traiter le cas classique où σ et b sont lipschitzienne. Comme la donnée est souvent a(x) et non $\sigma(x)$, il est important de savoir si a(x) peut s'écrire $\sigma(x)\ \sigma^*(x)$ avec les régularités voulues. A ce sujet on a le résultat suivant :

Théorème 6

Soit a(x) un champ de matrices, symétriques, uniformément lipschitzien, uniformément elliptiques, (c'est-à-dire qu'il existe $\alpha > 0$ tel que pour tout $\lambda \in R^d$ $\sum a_{ij}(x)\, \lambda_i\, \lambda_j > \alpha|\lambda|^2$), borné. Alors il existe un champ de matrices $\sigma(x)$, borné, uniformément lipschitzien tel que $\sigma(x)\ \sigma^*(x) = a(x)$.

Soit a(x) un champ de matrices symétriques, ≥ 0, de classe C^2, borné ainsi que ces deux premières dérivées ; alors il existe un champ de matrice $\sigma(x)$, borné, uniformément lipschitzien tel que $\sigma(x)\,\sigma^*(x) = a(x)$.

Pour une démonstration de ce théorème et des conditions locales, voir l'appendice à la fin du chapitre.

Rappelons que l'on a choisi sur les matrices la norme

$$|\sigma| = \sqrt{Tr(\sigma\sigma^*)} = \sqrt{\sum \sigma_{ij}^2} .$$

Théorème 10

Soit (Ω, F_t, F, B_t, P) un mouvement brownien sur R^d ; soit $\sigma(x)$ et $b(x)$ un champ de matrices et un champ de vecteurs tels que :

$|\sigma(x)| \leq M, \quad |b(x)| \leq M, \quad |\sigma(x) - \sigma(y)| \leq A\,|x-y|$,

$|b(x) - b(y)| < A\,|x - y|$.

Alors il existe un et un seul processus continu X_t sur (Ω, F_t, F) tel que $(\Omega, F_t, F, B_t, X_t, P)$ soit une solution de :

$$X_t = x + \int_0^t \sigma(X_s)\,dB_s + \int_0^t b(X_s)ds.$$

Démonstration : existence

On utilise la méthode des approximations successives. On pose

$$X_t^0 = x$$

$$X_t^k = x + \int_0^t \sigma(X_s^{k-1})\,d\,B_s + \int_0^t b(X_s^{k-1})\,ds.$$

alors, notant que $E\left(\left|\int_0^t \sigma_s\,d\,B_s\right|^2\right) = E\int_0^t |\sigma_s|^2\,ds$,

$$X_t^{k+1} - X_t^k = \int_0^t \left[\sigma(X_s^k) - \sigma(X_s^{k-1})\right] dB_s + \int_0^t \left[b(X_s^k) - b(X_s^{k-1})\right] ds$$

$$= Y_t^k + Z_t^k$$

$$E(|X_t^{k+1} - X_t^k|^2) \leq 2\,E(Y_t^k)^2 + 2\,E(Z_t^k)^2$$

$$\leq 2\,E\int_0^t |\sigma(X_s^k) - \sigma(X_s^{k-1})|^2\,ds + 2t\,E\int_0^t |b(X_s^k)-b(X_s^{k-1})|^2\,ds$$

$$\leq 2\,A^2\,(1+t)\int_0^t E\,|X_s^k - X_s^{k-1}|^2\,ds$$

$$\leqslant \{2A^2\}^k (Ht) \int_0^t (1+s_1) ds_1 \int_0^{s_1} (1+s_2) ds_2 \dots \int_0^{s_{k-1}} E(|X_s^1 - X_s^0|^2) ds$$

et comme $E(|X_s' - X_o|^2) \leqslant 2\, M^2 (s+s^2) \leqslant 2\, M^2\, s(1+t)$, on a

(4) $$E(|X_t^{k+1} - X_t^k|^2) \leqslant 2\, M^2 \left[2\, A^2 (1+t)\right]^{k+1} \cdot \frac{t^{k+1}}{\overline{k+1}\,!} \quad \text{et}$$

(5) $$\int_0^T E(|X_t^{k+1} - X_t^k|^2)\, dt \leqslant 2\, M^2\, (2\, A^2\, (1+T))^{k+1} \frac{T^{k+2}}{\overline{k+2}\,!} .$$

Considérons maintenant,

$$P\left[\sup_{0\leqslant t\leqslant T} |X_t^{k+1} - X_t^k| \geqslant \varepsilon\right] \leqslant P\left[\sup_{t\leqslant T} |Y_t^k| \geqslant \frac{\varepsilon}{2}\right] + P\left[\sup_{t\leqslant T} |Z_t^k| \geqslant \frac{\varepsilon}{2}\right]$$

$$\leqslant \frac{4}{\varepsilon^2} E(Y_T^k)^2 + P\left(\int_0^T |b(X_s^k) - b(X_s^{k-1})|\, ds > \frac{\varepsilon}{2}\right) \text{ - inégalité de Doob}$$

$$\leqslant \frac{4}{\varepsilon^2} E \int_0^T |\sigma(X_s^k) - \sigma(X_s^{k-1})|^2\, ds + \frac{4}{\varepsilon^2}\, T \int_0^T |\, b(X_s^k) - b(X_s^{k-1})|^2\, ds$$

$$\leqslant \frac{4\, A^2 (1+T)}{\varepsilon^2}\, E\left(\int_0^T |X_s^k - X_s^{k-1}|^2\, ds\right.$$

$$\leqslant \frac{8\, M^2}{\varepsilon^2} \quad \frac{(2\, A^2 (1+T)\, T)^{k+1}}{\overline{k+1}\,!}$$

Posant $\varepsilon_k = \left[\dfrac{(2\, A^2 (1+T)\, T)^{k+1}}{\overline{k+1}\,!}\right]^{1/2}$, on en déduit

$P\left[\sup_{t\leqslant T} |X_t^{k+1} - X_t^k| \geqslant \varepsilon_k\right] \leqslant 8\, M^2\, \varepsilon_k$ avec $\sum \varepsilon_k < +\infty$, on a donc

$P\left[X_t^k \text{ converge uniformément sur tout compact}\right] = 1$

Soit donc $X_t = \lim X_t^k$, X_t est continu et comme aussi $X_t^k \to X_t$, L^2 ;

On en déduit

$\int_0^t \sigma(X_s^k)\, dB_s \to \int_0^t \sigma(X_s)\, dB_s$, L^2,

$\int_0^t b(X_s^k)\, ds \to \int_0^t b(X_s)\, ds$, p.s., et aussi L^2 ; donc, puisque

$X_t^k = x + \int_0^t \sigma(X_s^{k-1})\, ds + \int_0^t b(X_s^{k-1})\, ds$, on a,

$X_t = x + \int_0^t \sigma(X_s)\, ds + \int_0^t b(X_s) ds.$

<u>Unicité</u> : supposons

$X_t = x + \int_0^t \sigma(X_s)\, dB_s + \int_0^t b(X_s)\, ds$ et

$Y_t = x + \int_0^t \sigma(Y_s)\, dB_s + \int_0^t b(Y_s)\, ds.$

Remarquons que $E(X_t)^2 \leqslant 3x^2 + M^2 t + M^2 t^2 \geqslant C(t)$; de même $E|Y_t|^2 \leqslant C(t)$

posons $\varphi(s) = E(|X_s - Y_s|^2)$, pour $0 \leqslant s \leqslant T$, $\varphi(s) \leqslant 4\,C(T)$.

$$E(|X_t-Y_t|^2) \leqslant 2\,E\,|\int_0^t (\sigma(X_s) - \sigma(Y_s))\,dB_s|^2 + 2\,E\,|\int_0^t (b(X_s)-b(Y_s)|^2\,ds$$

$$\leqslant 2\,E \int_0^t |\sigma(X_s) - \sigma(Y_s)|^2\,ds + 2\,t\,E \int_0^t \;b(X_s) - b(Y_s)|^2\,ds$$

$$\leqslant 2\,A^2(1+t) \int_0^t E(|X_s - Y_s|^2)\,ds \text{ par le calcul déjà effectué.}$$

On a donc $\varphi(t) \leqslant 2\,A^2\,(1+T) \int_0^t \varphi(s)\,ds$

$$\leqslant \frac{(2\,A^2(1+T)T)^n}{n\,!}\;4\,C(T) \text{ pour tout } n,$$

donc $\varphi(t) = 0$, $X_t = Y_t$ P p.s. et comme ils sont continus, ils sont indistinguables.

Les théorèmes 10, 7, 6, chapitre III et 11, chapitre I permettent d'énoncer,

Théorème 11

Soient $\sigma(x)$ un champ de matrices, $b(x)$ un champ de vecteurs, bornés, uniformément lipschitziens, $a(x) = \sigma(x)\,\sigma^*(x)$, $L = \frac{1}{2} \sum a_{ij}\,D_{ij} + \sum b_i\,D_i$.

Il existe un et un seul processus de diffusion associé à L ; ce processus est de Feller ; en particulier il est fortement Markovien.

Remarque

On se place sous les hypothèses du théorème 10. Soit X_t^x la solution de (1). Si on note P_x l'image de P par $\omega \to (t \to X_t^x(\omega))$ (W, w_t, P_x) est donc la diffusion cherchée. On peut établir ce résultat directement (mais sans unicité) de la façon suivante.

Si Z est variable aléatoire, F_s-mesurable telle que $E(Z)^2 < +\infty$, alors l'équation

(5) $\quad Y_t = Z + \int_s^t \sigma(Y_s)\,dB_s + \int_s^t b(Y_s)\,ds,\; t \geqslant s$

a une et une seule solution $(Y_t,\ t \geqslant s)$ continue. C'est pratiquement le théorème 10. Notons $Y_z^s(t, .)$ cette solution. Par ailleurs on peut montrer que $Y_x^s(t, .)$ est mesurable en $(x, t, .)$, de façon plus précise, il existe une fonction mesurable $\varphi_s(x, t, .)$ telle que $\varphi_s(x, t, .) = Y_x^s(t, .)$ p.s.

on verra un résultat plus général ci-dessous. De plus on peut également montrer que $Y_Z^s(t, .) = \varphi_s(Z, t, .)$. L'unicité des solutions de (5) permet alors d'affirmer que :

pour tout $t \geq s$, $X_t^x = \varphi_s(X_s^x ; t, .)$ ce qui est la propriété de Markov.

4 - On va établir un résultat emprunté à Neveu [1] .

Théorème 12

Sous les hypothèses du théorème 10, il existe une fonction aléatoire $(X_t^x ; t \in R^+, x \in R^d)$ continue en (t, x), solution de (1) pour tout x.

Démonstration

Nous suivrons Neveu [1] .

Lemme 13

Soit $(Z_{t, x} ; t \in R_+, x \in R^d)$ une fonction aléatoire telle que, pour chaque x, $Z_{t, x}$ soit p.s. continue en t et telle que :

$$E\left[\sup_{s\leq t} |Z_{s, x} - Z_{s, y}|^p\right] \leq a_{t, p} |x-y|^{d+\varepsilon}, \quad p \geq 1, \ \varepsilon > 0.$$

Alors il existe une fonction aléatoire $Z^*_{t, x}$ p.s. continue en (t, x) telle que pour chaque x, p.s. $Z_{t, x} = Z^*_{t, x}$ pour tout t.

Démonstration

On note D_n l'ensemble des points de R^d à coordonnées de la forme $\frac{k}{2^n}$.

Un point y est dit voisin de x si $|x_i-y_i| \leq 2^{-n}$, i=1,... d.

Posons $$U_n^t = \sup_{s\leq t} \sup_{\substack{y, y' \in D_n \\ \text{voisins} \\ |y_i|\leq n, |y'_i|\leq n}} |Z_{s, y} - Z_{s, y'}|$$

$$E(U_n^t)^p = E'\left[\sup_{s\leq t} \sup |Z_{s, y} - Z_{s, y'}|^p\right] \leq \sum_{\substack{y, y' \in D_n \\ \text{voisins} \\ |y_i|\leq n, |y'_i|\leq n}} E\left[\sup_{s\leq t} |Z_{s,y}-Z_{s,y'}|^p\right]$$

$$\leqslant A_{d,\,t,\,p}\, n^{d+1} \left(\frac{\sqrt{d}}{2^n}\right)^{d+\varepsilon} = A'_{d,\,t,\,p}\, n^{d+1}\, 2^{nd} \left(\frac{1}{2^n}\right)^{d+\varepsilon}$$

donc $\sum E(U_n^p)^{1/p} < +\infty$ d'où $\sum U_n^t < +\infty$ p.s. car $E(\sum |U_n^t|) \leqslant \sum E(|U_n|^p)^{1/p} < +\infty$.

Soit maintenant D_x l'ensemble des points voisins de x appartenant à D_n ; si (a_r) est une suite de masses affectées aux points de D_n, et si on pose

$$\Phi((a_r), x) = \sum_{y \in D_x} \frac{2^{-n} - |x-y|}{\sum_{y \in D_x} (2^{-n} - |x-y|)} \cdot a_n ;$$

$\Phi((a_r),x)$ est une fonction continue telle que si $d \in D_n$, $\Phi(d_n) = a_n$.

Posons $Z^n_{t,\,x} = \Phi\left[(Z_{t,\,y})_{y \in D_n} ;\, x\right]$, alors

$Z^n_{t,\,x}$ est continue en (t, x) et vaut $Z_{t,\,x}$ si $x \in D_n$.

Par ailleurs, pour x fixé, $|Z^{n+1}_{s,\,x} - Z^n_{s,\,x}|$ est majorée par le sup des $|Z_{s,\,y} - Z_{s,\,y'}|$ pour $y \in D_{n+1}$ et $y' \in D_n$ voisins de x dans D_{n+1} et D_n respectivement ; ceci vu la construction de $Z^n_{s,\,x}$. On a donc

$\sup_{s \leqslant t} |Z^{n+1}_{s,\,x} - Z^n_{s,\,x}| \leqslant 2\, U^t_{n+1}$ si $|x_i| \leqslant n$; la convergence de la série $\sum U^t_n$ implique que les $Z^n_{s,\,x}$ convergent p.s. uniformément sur $[0,1] \times K$, K compact de R^d. La limite $Z^*_{s,\,x}$ est donc continue et vérifie $Z^*_{s,x} = Z_{s,x}$ si $x \in \cup D_n$; mais l'hypothèse implique alors que $Z^*_{s,\,y} = Z_{s,\,x}$ p.s. , pour chaque x ; ces deux fonctions aléatoires étant continues en s, on a le résultat.

Lemme 14

Pour tout x, $y \in R^d$, les solutions X^x_t et X^y_t vérifi nt (sous les hypothèses du théorème 10),

$$E\left[\sup_{s \leqslant t} |X^x_s - X^y_s|^p\right] \leqslant a^p_t\, |x-y|^p. \quad (p \geqslant 2).$$

Démonstration

Utilisant l'inégalité $|a+b+c|^p \leqslant 3^{p-1} \left[|a|^p + |b|^p + |c|^p\right]$, on a

$$\sup_{s \leqslant t} |X^x_s - X^y_s|^p \leqslant 3^{p-1} \quad \{|x-y|^p + \sup_{s \leqslant t} |\int_0^s (\sigma(X^x_u) - \sigma(X^y_u))\, dB_u|^p$$

$$+ \sup_{s\leq t} \left|\int_0^t (b(X_u^x) - b(X_u^y))\, d_u^p\right|$$

D'après la proposition 19, chapitre I,

$$E\left[\sup_{s\leq t} \left|\int_0^s (\sigma(X_u^x) - \sigma(X_u^y))\, dB_u\right|^p\right] \leq C_p\, E\left[\int_0^t |\sigma(X_u^x) - \sigma(X_u^y)|^2\, du\right]^{p/2}$$

$$\leq c_p t^{(p-2)/2}\, E\,\{\int_0^t |\sigma(X_u^x) - \sigma(X_u^y)|^p\, du\}\ , \text{ (Holder)}$$

$$\leq A^p\, c_p\, t^{(p-2)/2}\, E\,(\int_0^t |X_u^x - X_u^y|^p\, du), \text{ de plus}$$

$$\sup_{s\leq t} \left|\int_0^s (b(X_u^x) - b(X_u^y))\, du\right|^p \leq \sup_{s\leq t} s^{p-1} \int_0^s |b(X_u^x) - b(X_u^y)|^p\, du \text{ (Holder)}$$

$$\leq t^{p-1} A^p \int_0^t |X_u^x - X_u^y|^p\, du.$$

On a donc,

$$E\left[\sup_{s\leq t} |X_s^x - X_s^y|^p\right] \leq 3^{p-1}(|x-y|^p + k_{t,\,p} \int_0^t E\,|X_u^x - X_u^y|^p\, du)$$

Posant $f(t) = E\left[\sup_{s\leq t} |X_s^x - X_s^y|^p\right]$.

on a $f(t) \leq 3^{p-1}\, |x-y|^p + k_{t,\,p} \int_0^t f(u)\, du$ mais

$f(t) \leq a + b \int_0^t f(u)\, du$ implique, comme on voit facilement, $f(t) \leq a\, e^{bt}$;

ceci montre le lemme.

Ces deux lemmes impliquent le théorème en prenant $p = d+1$.

[1] J. NEVEU - Intégrales stochastiques et applications. Cours de troisième cycle. Université Paris VI - 1971-72.

[2] YAMADA-WATANABE - On the uniqueness of solutions of stochastic differential equations - Journal of Math of Kyoto Univ. vol II, N° 1, 1971.

Appendice

Soit $(a(x),\ x \in R^d)$ une famille de matrice $d \times d$, symétrique, ≥ 0 ; on va étudier la régularité de la racine carrée $a^{1/2}(x)$ de $a(x)$.

Les résultats proviennent de [1], [2], [3] ; nous utilisons une rédaction de M. Yor. Rappelons que $|a| = \sqrt{\operatorname{Tr} a\, a^*}$.

Théorème 1

Supposons $a(x)$ elliptique, localement lipschitzienne ; alors $a^{1/2}(x)$ est localement lipschitzienne. Supposons $a(x)$ uniformément elliptique, bornée, uniformément lipschitzienne ; alors $a^{1/2}(x)$ est uniformément lipschitzienne, bornée.

Soit H un ensemble qui est suivant les hypothèses un compact ou R^d. On a, pour tout $x, y \in H$, $|a(x) - a(y)| \leq C(H)\, |x-y|$; $|a(x)| < C(H)$. Classons les valeurs propres de $a(x)$ par ordre décroissant, avec leur multiplicité, $\lambda_1(x) \geq \lambda_2(x) \geq \dots \geq \lambda_d(x) > 0$; on a pour tout $x \in H$, $\lambda_d(x) \geq \alpha > 0$.

Soit $S = \bigcup\limits_{x \in H} \operatorname{sp}(a(x))$; S est un ensemble borné de $\mathbb{C}$ situé à droite de $\operatorname{Re}(z) \geq \alpha$. Soit donc Γ une courbe de Jordan entourant S et situé à droite de $\operatorname{Re}(z) \geq \frac{\alpha}{2}$ et telle que $d(S, \Gamma) \geq \frac{\alpha}{2}$.

$$a^{1/2}(x) = \frac{1}{2i\pi} \int_\Gamma \sqrt{\lambda}\,(a(x) - \lambda I)^{-1}\, d\lambda \quad \text{d'où}$$

$$a^{1/2}(x) - a^{1/2}(y) = \frac{1}{2i\pi} \int_\Gamma \sqrt{\lambda}\, \{(a(x)-\lambda I)^{-1} - (a(y)-\lambda I)^{-1}\}\, d\lambda, \text{ or si}$$

$\lambda \notin \operatorname{Sp}(a(x))$,

$(a(x)-\lambda I)^{-1} - (a(y)-\lambda I)^{-1} = (a(x)-\lambda I)^{-1}(a(y)-a(x))\,(a(y)-\lambda I)^{-1}$ se vérifie en multipliant à gauche par $a(x) - \lambda I$, à droite par $a(y) - \lambda I$.

$$|a^{1/2}(x) - a^{1/2}(y)| \leq \frac{|a(x)-a(y)|}{2\pi} \int_\Gamma |\sqrt{\lambda}| . |(a(x)-\lambda I)^{-1}| . |a(y) - I)^{-1}|\ \ |d\lambda|$$

mais $|(a(x)-\lambda I)^{-1}| \leq \dfrac{1}{\inf |\lambda_i(y) - \lambda|} \leq \dfrac{2}{\alpha}$ pour $\lambda \in \Gamma$ d'où

$$|a(x)-a(y)| \leq \frac{2\,\alpha^2}{\pi} \int_\Gamma |\sqrt{\lambda}|\ |d\lambda|\ \ C(H)\ |x-y| .$$

Théorème 2

Si $a(x)$ est elliptique de classe C^p, alors $a^{1/2}(x)$ est de classe C^p. $a(x)$ est évidemment localement lipschitzienne ; si K est un compact et Γ une courbe comme dans le théorème précédent, on a la représentation

$$x \in K, \ a^{1/2}(x) = \frac{1}{2i\pi} \int_\Gamma \sqrt{\lambda}\ (a(x) - \lambda I)^{-1}\, d\lambda .$$

L'application $u \to u^{-1}$ de $GL(R^d)$ dans lui-même étant C^∞, on peut dériver p fois l'équation ci-dessus sous le signe somme.

Théorème 3

Si $a(x)$ est de classe C^2, alors $a^{1/2}(x)$ est localement lipschitzienne ; si de plus $a(x)$ et ses deux premières dérivées sont bornées, $a^{1/2}(x)$ est borné, uniformément lipschitzienne.

Démonstration

On considère les matrices $a^\varepsilon(x) = a(x) + \varepsilon I$; d'après le théorème 2 $x \to (a(x) + \lambda I)^{1/2}$ est de classe C^2.

Lemme 4

Soit $A_n \in L(R^d)$, $A_n \geqslant 0$, si A_n converge vers A, $A_n^{1/2}$ converge vers $A^{1/2}$.

Voir par exemple le théorème 2, p. 923 de Dunford Schwartz : Linear Operators, en considérant $f(\lambda) = \sqrt{\lambda}$.

On en déduit donc que

$$|a^{1/2}(x) - a^{1/2}(y)| \leqslant \sup_{\varepsilon \leqslant 1} |(a(x) + \varepsilon I)^{1/2} - (a(y) + \varepsilon I)^{1/2}|$$

Désignant par H un compact convexe ou R^d suivant les hypothèses, on a en posant $\sigma^\varepsilon(x) = (a(x) + \varepsilon I)^{1/2}$,

$$|\sigma^\varepsilon(x) - \sigma^\varepsilon(y)| \leqslant |x-y| \sup_{z \in H} \sum_1^d \left| \frac{\partial \sigma^\varepsilon(z)}{\partial x_k} \right| .$$

Il s'agit de majorer $\sup_{z \in H} \sum_1^d \left| \frac{\partial \sigma^\varepsilon(z)}{\partial x_k} \right|$ indépendamment de ε.

Lemme 5

Soit $A_k = \sup_{z \in K} \left| \frac{\partial^2 a(z)}{\partial x_k^2} \right|$, alors pour tout $x \in K$,

$$\left(\frac{\partial\, a(x)}{\partial\, x_k}\, \xi, \xi \right)^2 \leqslant 2\, A_k (\xi, \xi)\, (a(x)\xi, \xi).$$

En effet $\tau(x) = (a(x)\xi, \xi)$ est une fonction $\geqslant 0$ de classe C^2, donc

$$\tau(x+he_k) = \tau(x) + h \left(\frac{\partial\, a}{\partial x_k}(x)\xi, \xi \right) + \frac{h^2}{2} \left(\frac{\partial^2 a}{\partial x_k^2}(z)\xi, \xi \right) \geqslant 0 \; ; \; e_k = \begin{pmatrix} 0 \\ 0 \\ 1 \\ 0 \end{pmatrix}$$

on a donc, pour tout $h \in R$,

$$\tau(x) + h \left(\frac{\partial a}{\partial x_k}(x)\xi, \xi \right) + \frac{h^2}{2} A_k (\xi, \xi) \geqslant 0 \text{ d'où le lemme.}$$

On va maintenant montrer que $\left| \dfrac{\partial^2\, \sigma^\varepsilon(z)}{\partial\, x_k} \right| \leqslant 4\, d^2\, A_k$; pour simplifier

l'écriture on omet ε et les dérivées sont prises en x_k.

De $a^\varepsilon(x) = (\sigma(x))^2$ on tire

(1) $\quad a'(x) = \sigma'(x)\, \sigma(x) + \sigma(x)\, \sigma'(x).$

Si $\theta(x)$ est une matrice orthogonale telle que $\theta\, \sigma\, \theta^{-1} = \Lambda = \begin{pmatrix} \lambda_1 & & 0 \\ & \ddots & \\ 0 & & \lambda_n \end{pmatrix}$

on a en notant $Y = (Y_{i,j}) = \theta.\ \sigma'\, \theta^{-1}$,

$$|\sigma'|^2 = |Y|^2 = \sum_{i,j=1}^{d} |y^k_{i,j}|^2.$$

Soit $\tilde{a}' = \theta\, a'\, \theta^{-1} = Y\Lambda + \Lambda Y$ d'après (1). D'où l'on tire $y^k_{ij} = \dfrac{\tilde{a}'_{i,j}}{\lambda_i + \lambda_j}$.

D'après le lemme 5 on a,

$$(\tilde{a}'\, \xi, \xi)^2 = (\theta\, a'\, \theta^{-1}\, \xi, \xi)^2 = (a'\, \theta^{-1}\, \xi, \theta^{-1}\, \xi)^2$$

$$\leqslant 2\, A_k (\theta^{-1}\, \xi, \theta^{-1}\, \xi)\, (a\, \theta^{-1}\, \xi, \theta^{-1}\, \xi)$$

$$\leqslant 2\, A_k\, (\xi, \xi)\, (\Lambda^2\, \xi, \xi)$$

Faisant $\xi = e_i$, il vient $|\tilde{a}'_{ii}|^2 \leqslant 2\, A_k\, \lambda_i^2$ et $|y^k_{i,i}|^2 \leqslant \dfrac{A_k}{2}$,

en prenant $\xi = e_i + e_j$,

$$(\tilde{a}'_{ii} + \tilde{a}'_{jj} + 2\, \tilde{a}'_{ij})^2 \leqslant 4\, A_k (\lambda_i^2 + \lambda_j^2), \text{ d'où,}$$

$$\left(\frac{\tilde{a}'_{ii}}{\lambda_i + \lambda_j} + \frac{\tilde{a}'_{jj}}{\lambda_i + \lambda_j} + \frac{2\,\tilde{a}'_{ij}}{\lambda_i + \lambda_j}\right)^2 \leqslant 4\,A_k$$

$\left|2\,\frac{\tilde{a}'_{ij}}{\lambda_i + \lambda_j}\right| \leqslant 2\,\sqrt{A_k} + 2\sqrt{\frac{A_k}{2}} \leqslant 4\,\sqrt{A_k}$, ceci implique $|y^k_{i,j}|^2 \leqslant 4\,A_k$

et finalement $|\sigma'^{\,2}_k| \leqslant 4\,d^2\,A_k$.

La majoration est indépendante de ε .

[1] FREIDLIN - On the factorisation of non negative definite matrices
Theory of probability and applications, 1968

[2] K. ITO - Stochastic differential equation on a differentiable manifeld II.
Mem. Coll. Sci. Univ. Kyoto, A 28, 1, 1953

[3] PHILLIPS-SARASON - Elliptic parabolic equations of the second order
J. Math. Meca 17, 1968.

CHAPITRE IV

UN THEOREME DE STROOCK-VARADHAN

1 - Dans ce chapitre, on considère toujours un champ de matrices a(x) symétrique, ≥ 0 et un champ de vecteurs b(x). On suppose toujours a et b bornés. Par a elliptique, on entend $\sum \lambda_i \lambda_j a_{ij}(x) > 0$ quels que soient $\lambda \in R^d$, $\lambda \neq 0$, et $x \in R^d$.

On va démontrer un des résultats principaux de l'article de Stroock et Varadhan [3], à savoir qu'il y a existence et unicité au problème des martingales (x ; a, 0) pour a continue, elliptique. Nous avons également utilisé les exposés [1] et [2] de cet article.

La partie concernant l'existence est facile à traiter :

Proposition 1

On suppose a et b continus, alors il existe une solution du problème des martingales (x ; a, b).

Remarque

On ne suppose pas a(x) elliptique.

Démonstration

On peut trouver une suite de matrices $a^n(x)$ et une suite de vecteurs $b^n(x)$ tels que les $a^n(x)$ soient symétriques, ≥ 0 de classe C^2, à dérivées d'ordre 1 et 2 bornées et les $b^n(x)$ de classe C^1 à dérivées bornées convergeant vers a(x) et (b(x) uniformément sur tout compact. On peut de plus supposer pour tout n et x, $|a^n(x)| \leq M$, $b^n(x) | \leq M$. D'après le théorème 9, chapitre III, il existe $\sigma^n(x)$ uniformément bornées, uniformément lipschitziennes telles que $\sigma^n(x)\ \sigma^{n*}(x) = a^n(x)$.

Alors d'après le théorème 10, chapitre III, l'équation

$$X_t = x + \int_0^t \sigma^n(X_s)\, d B_s + \int_0^t b^n(X_s)\, ds$$

a une solution, donc chapitre III, proposition 4, le problème des martingales $(x\ ;\ a^n,\ b^n)$ a une solution.

Il existe donc des probabilités P_n sur l'espace canonique telles que si $f \in C_k^\infty$, $f(X_t) - f(X_o) - \int_o^t L^n f(X_s)ds$ soit une P_n-martingale, ce qui entraîne, pour tout $\Phi \in F_s$, et $f \in C_k^\infty$, $s \leqslant t$,

$$(1)\ E_n\left[\Phi(X_s)\ (f(X_t) - f(X_s))\right] = E_n\left[\Phi(X_s).\ \int_s^t L^n f(X_u)du\right].$$

Par ailleurs il résulte de la démonstration de la proposition 10, chapitre II que cette proposition est encore vraie si les processus V_t dépendent de P pourvu qu'ils satisfassent tous à $|V_t - V_s| \leqslant M\ |t-s|$, M indépendant de P ; l'ensemble des P_n est donc relativement étroitement compact, on peut donc supposer que $P_n \to P$ étroitement.

Si on choisit $\Phi \in F_s$, bornée, continue pour la topologie de Ω on a

$$E_n\left[\Phi(X_s)\ (f(X_t) - f(X_s))\right] \to E\left[\Phi(X_s)\ (f(X_t) - f(X_s))\right]$$; et d'autre part

$$E_n\left[\Phi(X_s)\ \int_s^t L^n f(X_u)du\right] = E_n\left[\Phi(X_s)\ \int_s^t (L^n f - Lf)\ (X_s)\ ds\right] + E_n\left[\Phi(X_s)\ \int_s^t Lf\ (X_s)ds\right]$$

Le premier terme à droite est majoré par $||\Phi||\ (t-s)\ ||L^n f - Lf||$ qui tend vers 0 puisque f est à support compact ; de plus $\omega \to \Phi(X_s(\omega))\ .\ \int_s^t Lf(X_s(\omega))ds$ est continue sur Ω donc à la limite, on a,

$$(2)\ E\left[\Phi(X_s)\ (f(X_t) - f(X_s))\right] = E\left[\Phi(X_s)\ \int_s^t Lf(X_s)\ ds\right]$$

ce qui montre - puisque $E_n\ (f(X_o)) \to E(f(X_o))$ - que P est une solution au problème $(x\ ;\ a,\ b)$.

2 - Passons à l'unicité. On suppose $b \equiv 0$.

On note S_ε l'ensemble des matrices a(x) symétriques telles que pour tout i, j, x $|a_{ij}(x) - \delta_{ij}| < \varepsilon$.

<u>Proposition 2</u>

Il existe $\varepsilon > 0$ tel que si $a \in S_\varepsilon$ est continue, le problème des martingales $(x\ ;\ a,\ o)$ a une et une seule solution.

Démonstration

Nous suivons l'exposé de Madame Bonami [1] . Soient P_x et $\tilde{P}_x$ deux solutions on va d'abord montrer que,

quels que soient $f \in C_k$ et $t \geq 0$, $E_x\, f(X_t) = \tilde{E}_x\, f(X_t)$.

Pour cela les trajectoires étant continues, il suffit de montrer que,

$$(3) \quad \mu_\lambda^x(f) = E_x \int_0^{+\infty} e^{-\lambda t} f(X_t)\, dt = \tilde{E}_x \int_0^{+\infty} e^{-\lambda t} f(X_t)\, dt = \tilde{\mu}_\lambda^x(f)$$

Soit $f \in C_0^2(R^d)$ telle que $D_i f$, $D_{ij} f \in C_0(R^d)$, d'après la formule d'Ito (chapitre I, théorème 14),

$$f(X_t) = f(X_0) + \int_0^t \sum D_i f(X_s)\, d X_s^i + \frac{1}{2} \int_0^t \sum D_{ij} f(X_s)\, d <X_s^i, X_s^j>$$

$$= f(X_0) + \int_0^t \sum D_i f(Y_s)\, d X_s^i + \int_0^t L f(X_s) ds$$

puisque $<X_s^i, X_s^j> = a_{ij}(X_s)$ et $L = \frac{1}{2} \sum a_{ij} D_{ij}$.

Multipliant par $\lambda e^{-\lambda t}$ et intégrant, on obtient

$$\lambda\mu_\lambda^x(f) = \lambda \int f(y)\, d\mu_\lambda^x(y) = f(x) + \int_0^{+\infty} (\int_0^t E_x(Lf(X_s) ds)\, d(-e^{-\lambda t})$$

$$= f(x) + \int_0^{+\infty} e^{-\lambda t} E_x\left[Lf(X_s)\right] ds$$

$$= f(x) + \int Lf(y)\, d\mu_\lambda^x(y).$$

Posant $L' = L - \frac{\Delta}{2}$, on a,

$$(4) \quad \int \left[\lambda f - \frac{\Delta}{2} f\right] d\mu_\lambda^x = f(x) + \int L' f\, d\mu_\lambda^x.$$

Prenons pour l'instant $L = \Delta$, alors $\int f\, d\mu_\lambda^x = V^\lambda f(x)$ ou V^λ est la résolvante du mouvement brownien.

$$\text{On a, } V^\lambda f(x) = \int_0^{+\infty} e^{-\lambda t} P_t f(x) = \int_0^{+\infty} e^{-\lambda t} \int_{R^d} \frac{e^{-|x-y|^2/2t}}{(2\pi t)^{d/2}} f(y)\, dy$$

$$= G_\lambda * f(x)$$

$$\text{où } G_\lambda f(x) = \int_0^{+\infty} \frac{e^{-\lambda t}\, e^{-|x|^2/2t}}{(2\pi t)^{d/2}}\, dt.$$

Donnons dans un lemme les propriétés de G_λ.

Lemme 3

(1) $\quad G_\lambda \geq 0$

(2) $\quad ||G_\lambda||_1 = 1/\lambda$

(3) $\hat{G}_\lambda(\xi) = \int_0^{+\infty} e^{-\lambda t} \quad e^{-|\xi|^2/2t}\, dt = \dfrac{1}{\lambda + \frac{1}{2}\,|\xi|^2}$.

(4) Il existe A et c tels que si $|x| \geq 1$, $|G_\lambda(x)| \leq A\, e^{-c|x|}$

(5) Si $p > \frac{d}{2}$, $|V^\lambda g(x)| = |G_\lambda * f(x)| \leq C_\lambda^p \;||g||_p$

(6) Si $f \in C_k^2$; $(\lambda - \frac{\Delta}{2})\, V^\lambda f = f$, $\Delta\, V^\lambda \; f = V^\lambda\, \Delta\, f$.

(7) Si $g \in C_k^2$; $V^\lambda \; g \in C_o$, $D_i \; V^\lambda \; g \in C_o$, $D_{ij} \; V^\lambda\, g \in C_o$.

Montrons (5) qui est essentielle pour la suite.

Si $g_t(x) = \dfrac{e^{-|x|^2/2t}}{(2\pi t)^{d/2}}$; $||g_t||_q^q = \int \dfrac{e^{-q|x|^2/2t}}{(2\pi t)^{dq/2}}\, dx = Aq,\; t^{\frac{d}{2}(1-q)}$

$$||G_\lambda||_q \leq \int_0^{+\infty} e^{-\lambda t}\; ||g_t||_q\, dt \leq A_q' \;\int_0^{+\infty} \; t^{-\frac{d}{2}(1-\frac{1}{q})} \; e^{-\lambda t} dt < +\infty \text{ si } q < 1 - \frac{n}{2}.$$

Par ailleurs, d'après Holder,

$$|V^\lambda \; g(x)| \leq ||G_\lambda||_q \; ||g||_p \qquad \text{si } \frac{1}{p} + \frac{1}{q} = 1$$

$$\leq \; C_\lambda^p \;\; ||g||_p \qquad \text{si } \frac{d}{2}\,(1 - \frac{1}{q}) = \frac{d}{2} \; \frac{1}{p} < 1 \quad \text{i.e. } \frac{d}{2} < p.$$

Revenons au cas général et appliquons la formule (4) à $f = V^\lambda g$, $g \in C_k^2$, il vient,

(5) pour $g \in C_k^2$, $\int g \; d\mu_\lambda^x = V^\lambda \; g(x) \; + \; \int L' \; V^\lambda g \; d\mu_\lambda^x$.

On va montrer que pour $p > \frac{d}{2}$ et ε convenablement choisi, μ_λ^x définit une forme linéaire continue sur $L^p\;(R^d)$ donc s'identifie à une fonction h^x de $L^q(R^d)$. Pour l'instant on désigne par $||\mu_\lambda^x||_q$ soit $||h_\lambda^x||_q$ si on est dans le cas ci-dessus, $+\infty$ sinon.

Fixons $p > \frac{d}{2}$ et étudions l'opérateur pour $g \in L^p$,

(6) $T_\lambda g(x) = L' \; V^\lambda g(x) = \frac{1}{2} \sum \varepsilon_{ij}(x)\; D_{ij} \; V^\lambda \; g(x)$ où $\varepsilon_{ij} = a_{ij} - \delta_{ij}$.

Si $a \in S_\varepsilon$, on a,

(7) $||T_\lambda g||_p \leq \frac{\varepsilon}{2} \;\; \sum_{i,\,j} \; ||D_{ij} \;\; V^\lambda \; g|| \;_p$ et on est amené à étudier les opérateurs $g \to D_{ij} \; V^\lambda$ g. D'après le lemme 3, (3). $(D_{ij} \; V^\lambda (g))^\wedge(\xi) = \dfrac{-\xi_i \;\; \xi_j}{\lambda^2 + \frac{|\xi|^2}{2}} \hat{g}(\xi)$

et nous allons utiliser le théorème de Mihlin qu'on trouvera dans Stein, Intégrales singulières, Publication du Département de Mathématique d'Orsay, chapitre V, théorème 3, énoncé ci-dessous.

Lemme 4 (théorème de Mihlin)

Si $m(\xi) \in C(R^d \setminus \{o\})$ et s'il existe une constante A telle que, pour tout ordre de dérivation α, $|\alpha| \leq d$,

$$|m^{(\alpha)}(\xi) \leq A\, |\xi|^{-[\,|\alpha|\,]}$$

alors, quel que soit $p > 1$ et $f \in L^p \cap L^2$ la fonction Tf définie par $(Tf)^{\wedge}(\xi) = m(\xi)\, \hat{f}(\xi)$ appartient à L^p et il existe une constante B_p ne dépendant que de p et A telle que

$$||Tf||_p \leq B_p\, ||f||_p.$$

On vérifie facilement que les fonctions $\dfrac{-\xi_i \quad \xi_j}{\lambda^2 + |\xi|^2/2}$ ont leurs dérivées successives majorées par les dérivées de $-\xi_i \quad \xi_j \,/\, |\xi|^2/2$ et satisfont aux hypothèses du lemme 4 avec A <u>indépendant de λ</u>.

On a donc $||D_{ij} \quad V^\lambda g||_p \leq B_p\, ||g||_p$, d'où

(8) $\quad ||T_\lambda\, g||_p \leq \frac{1}{2}\, B_p\, \varepsilon\, d^2\, ||g||_p$

On suppose dans la suite,

(9) $\quad B_p\, \varepsilon\, d^2 = 1.$

Ceci fait, (5) implique, compte tenu de (8) et du lemme 3, (5) que pour $f \in C_k^2$, $|\mu_\lambda^x\,(g)| \leq C_\lambda^p\, ||g||_p + \frac{1}{2}\, ||\mu_\lambda^x||_q \cdot ||g||_p$; et les fonctions de classe C_k^2 étant denses dans L^p, on obtient,

(10) $\quad ||\mu_\lambda^x||_q \leq C_\lambda^p + \frac{1}{2} \quad ||\mu_\lambda^x||_q \qquad (1 = \frac{1}{p} + \frac{1}{q}).$

On a donc ou bien $||\mu_\lambda^x||_q = +\infty$, ou bien $||\mu_\lambda^x||_q \leq 2\, C^p$.

Notre travail va maintenant consister à exclure le cas $||\mu_\lambda^x||_q = +\infty$.
On suppose (cela ne change rien) $x = 0$ et on écrit μ_λ et P pour μ_λ^x et P^x ;

on va construire μ_λ^n convergeant faiblement vers μ_λ et vérifiant $||\mu_\lambda^n||_q \leq 2\, C_\lambda^p$.

Soit $\sigma(x)$ la racine carrée symétrique de a, il résulte de la remarque suivant le théorème 6, chapitre III qu'il existe un mouvement brownien B_t sur l'espace canonique (Ω, F_t, F, P) tel que

$$X_t = \int_0^t \sigma(X_s)\, d\, B_s.$$

On définit,

$\pi_n(s) = 2^{-n}\, [2^n\, s]$, $[\cdot]$ partie entière,

$\sigma_n(s) = \sigma(X_{\pi_n(s)})$

$X_t^n = \int_0^t \sigma_n(s)\, d\, B_s$ et

$<\mu_\lambda^n, f> = \int_0^{+\infty} e^{-\lambda t}\, E\,(f(X_t^n))\, dt,\ f \in C_k.$

<u>1ère étape</u> : μ_λ^n converge faiblement vers μ_λ.

Soient $f \in C_k$ et α tel que $|x-y| < \alpha \Longrightarrow |f(x) - f(y)| \leq \eta$ et soit $T \in R_+$,

$$\begin{aligned}
\sup_{t\leq T} E\ |f(X_t) - f(X_t^n)| &\leq \eta + 2\, ||f||_\infty \sup_{t\leq T} P\,(|X_t^n - X_t| > \alpha) \\
&\leq \eta + \frac{2\,||f||_\infty}{\alpha^2} \sup_{t\leq T} E\,|X_t^n - X_t|^2 \\
&\leq \eta + \frac{2\,||f||_\infty}{\alpha^2} \sup_{t\leq T} E \int_0^t |\sigma_n(s) - \sigma(X_s)|^2\, ds \\
&\leq \eta + \frac{2\,||f||_\infty}{\alpha^2}\, E \int_0^T |\sigma_n(s) - \sigma(X_s)|^2\, ds \to 0.
\end{aligned}$$

<u>2ème étape</u> : n fixé, $||\mu_\lambda^n||_q < +\infty$.

$$\int f\, d\mu_\lambda^n = \sum_{k=0}^{+\infty} e^{-\lambda k/2^n} \underbrace{\int_{k2^{-n}}^{(k+1)2^{-n}} e^{-\lambda(t-k2^{-n})}\, E\left[f(X_t^n)\right] dt}_{I_k}$$

Il suffit de montrer que $|I_k| \leq A\, ||f||_p$.

Or $I_k = \int_0^{2^{-n}} e^{-\lambda t}\ E\ \{f(X^n_{k2^{-n}} + \sigma_n\,(\frac{k}{2^n}))\,(B_t - B_{k2^{-n}})\}\, dt$

Soit Q_ω une version régulière de $P(\,/\,F_{k2^{-n}})$; $B_t - B_{k2^{-n}}$ est pour Q_ω un brownien issu de 0 et, en notant,

$$\xi(\omega) = X^n_{k2^{-n}}(\omega), \quad \alpha(\omega) = \sigma_n(k2^{-n}), \text{ on obtient,}$$

$$I_k = E \int_0^{2^{-n}} e^{-\lambda t} \; E_{Q_\omega} (f(\xi(\omega) + \alpha(\omega) B_t)) \, dt,$$

$$|I_k| \leq E \int_0^{+\infty} e^{-\lambda t} \; E_Q(|f(\xi(\omega) + \alpha(\omega) B_t)|) \, dt = E\left[V^\lambda |f_{\alpha(\omega)}| (\alpha^{-1}(\omega)\, \xi(\omega))\right]$$

où $f_\alpha(x) = f(\alpha x)$.

Mais puisque $a(x) \in S_\varepsilon$, $|\sigma(x)| > \eta$ quel que soit x et

$$|I_k| \leq E(C^\lambda_p \, \|f_{\alpha(\omega)}\|_p) \leq C^\lambda_p \; E(\|f\|_p \; (\det(\sigma(\omega))^{-1/p})$$

$$\leq C^\lambda_p \, \eta^{-1/p} \, \|f\|_p \qquad \text{(toujours si } p > d/2).$$

<u>3ème étape</u> : quel que soit n, $\|\mu^n_\lambda\|_q \leq 2\, C^\lambda_p$.

En appliquant la formule d'Ito comme pour établir la formule (4) on obtient pour $f \in C^2_0(R^d)$ telle que $D_i f$, $D_{ij} f \in C_0(R^d)$,

$$(11)' \quad \int (\lambda f - \frac{\Delta}{2} f) \, d\mu^n_\lambda = f(o) + \frac{1}{2} \int_0^{+\infty} e^{-\lambda t} \; E(\sum_{i,j} (a^n_{ij}(t) - \delta_{ij}) D_{ij} f(X^n_t) dt),$$

où $a^n(s) = (a^n_{ij}(s)) = \sigma_n(s)\, \sigma^*_n(s)$.

Si g C^2_k et $f = V^\lambda g$, on a, $\varepsilon^n_{ij} = a^n_{ij} - \delta_{ij}$.

$$\int g \, d\mu^n_\lambda = V^\lambda g(o) + \frac{1}{2} \int_0^{+\infty} e^{-\lambda t} \sum_{i,j} \varepsilon^n_{ij}(t) \, D_{ij} \, V^\lambda g(X^n_t) dt \text{ et}$$

$$\left|\int g \, d\mu^n_\lambda\right| \leq |V^\lambda g(o)| + \frac{\varepsilon}{2} \sum_{i,j} \int |D_{ij} \, V^\lambda g| \, d\mu^n_\lambda \text{ et finalement}$$

$$\|\mu^n_\lambda\|_q \leq C^\lambda_q + \frac{1}{2} \|\mu^n_\lambda\|_q$$ ce qui entraîne, compte tenu de la deuxième étape,

$$\|\mu^n_\lambda\|_q \leq 2\,[C^\lambda_p].$$

On a donc montré que si P et $\tilde{P}$ ont deux solutions du problème $(x\,;\,a,\,o)$, $\|\mu^x_\lambda\|_q < +\infty$ et $\|\mu^x_\lambda\|_q < +\infty$ pour $p > \frac{d}{2}$, $\frac{1}{p} + \frac{1}{q} = 1$ et ε vérifiant (9).

Si $g \in C^2_k$, on a d'après (5),

(12) $\int g\, d(\mu_\lambda^x - \tilde{\mu}_\lambda^x) = \int T_\lambda g\, d(\mu_\lambda^x - \tilde{\mu}_\lambda^x)$. C_k^2 étant dense dans L^p, il existe $g \in C_k^2$, $||g||_p = 1$ tel que le premier membre de (12) soit supérieur à $\frac{3}{4}\, ||\mu_\lambda^x - \tilde{\mu}_\lambda^x||_q$, mais le second est inférieur à $\frac{1}{2}\, ||\mu_\lambda^x - \mu_\lambda^x||_q$ d'après (8) et (9). Donc $\mu_\lambda^x = \tilde{\mu}_\lambda^x$ dans L^q et en tant que mesure ; on a donc montré que $E_x\, f(X_t) = \tilde{E}_x\, f(X_t)$, $f \in C_k^2\, (R^d)$.

On a évidemment pour f borélienne bornée encore $E_x(f(X_t)) = \tilde{E}_x\, f(X_t)$. Pour montrer que P = P, il suffit de montrer que pour $s_1 < \ldots < s_n$,

$$E_x \left[\prod_{i=1}^n f(X_{s_i}) \right] = \tilde{E}_x \left[\prod_{i=1}^n f(X_{s_i}) \right].$$ On va montrer que si s < t,

$$E_x \left[f(X_s)\, g(X_t) \right] = \tilde{E}_x \left[f(X_s)\, g(X_t) \right],$$ la généralisation se faisant par récurrence de façon standard.

Désignons par Q_ω^x (resp. $\tilde{Q}_\omega^x$) une version régulière de $P_x \left[\, | \, F_s \right]$ (resp. $\tilde{P}^x \left[| F_s \right]$). Soit pour chaque y R_y une solution du problème (y ; a, o) ; à priori on ne sait rien de la mesurabilité de R_y en y. Cependant d'après la proposition 7, chapitre II, on a, pour $A \in \mathcal{B}(R^d)$ et s < t,

$$R_{X_s} \left[X_{t-s} \in A \right] = Q_\omega^x\, (X_t \in A) \text{ p.s } P_x \text{ et } R_{X_s} \left[X_{t-s} \in A \right] = \tilde{Q}_\omega^x (X_t \in A) \text{ps.} \tilde{P}_x$$

Ceci permet d'écrire :

$$\begin{aligned} E_x \left[f(X_s)\, g(X_t) \right] &= E_x \left[f(X_s)\, E_{Q_\omega^x}\, g(X_t) \right] = E_x \left[f(X_s)\, E_{R_{X_s}}\, (g(X_{t-s}) \right] \\ &= \tilde{E}_x \left[f(X_s)\, E_{R_{X_s}}\, (g(X_{t-s})) \right] = \tilde{E}_x \left[f(X_s) E_{Q_\omega^x}\, g(X_t) \right] \\ &= E_x \left[f(X_s)\, g(X_t) \right] \end{aligned}$$

<u>Proposition 5</u>

Soit $h = (h_{ij})_{i,\,j}$ une matrice symétrique, définie, positive, ρ_h la plus petite de ses valeurs propres. Il existe $\varepsilon > 0$, ne dépendant que de ρ_h tel que si, pour tout i, j, x, $|a_{ij}(x) - h_{ij}| < \varepsilon$, le problème des martingales a une et une seule solution.

On peut refaire la démonstration de la proposition 2 en remplaçant Δ par $\sum h_{ij} D_{ij}$ et la résolvante V^λ du mouvement brownien par la résolvante R^λ du processus $r B_t$ où r est la racine carrée symétrique de h.

On a alors

$$R^\lambda f = F_\lambda * f \text{ avec } F(x) = G_\lambda(r^{-1} x) \det(r).$$

$$\hat{E}_\lambda(\xi) = \frac{1}{\lambda + \frac{|r\xi|^2}{2}} \text{ et } - \xi_i \quad \xi_j/\lambda + \frac{|r\xi|^2}{2}$$ satisfait encore aux hypothèses du théorème de Mihlin (lemme 4) avec une constante A égale à ρ_h^{-d} fois la précédente.

3 - On va démontrer l'unicité dans le cas général. Enonçons d'abord quelques résultats techniques qu'on laisse au lecteur le soin de montrer (voir [3]).

Rappelons nos notations :

$\Omega = C(R_+, R^d)$, $F_t = \sigma(X_s, s \leq t)$, $F^t = \theta_t^{-1} F_\infty = \sigma(X_{s+t}, s \in R_+)$

$X_s(\omega) = \omega(s)$, $F_\infty = \sigma(X_s, s \in R_+)$, $F^\tau = \theta_\tau^{-1} F_\infty = \sigma(X_{s+\tau}, s \in R_+)$

<u>Lemme 6</u>

Soit τ un t.a. et, pour tout ω, soit P une probabilité sur F_τ et, soit P_ω une probabilité sur F^τ telle que :

(i) $P_\omega \{\omega' : X_{\tau(\omega)}(\omega) = X_{\tau(\omega)}(\omega')\} = 1$

(ii) pour tout $A \in F^t$, $\omega \to P_\omega(A)$ est F_t-mesurable sur $\{\tau \leq t\}$,

il existe alors une probabilité unique P' sur (Ω, F_∞) telle que $P = P'$ sur F_τ et P_ω coïncide sur F^τ p.s. avec une version régulière de $P'(. \mid F_\tau)$.

<u>Lemme 7</u>

Soient $a_1(x)$, $a_2(x)$, $b_1(x)$, $b_2(x)$ des champs de matrices symétriques ≥ 0 et des champs de vecteurs, boréliens, bornés, et soit τ un t.a.

Soit P une solution du problème des martingales (x ; a, b) et supposons que $a_1(X_u) = a_2(X_u)$ et $b_1(X_u) = b_2(X_u)$ p.s. pour $0 \leq u \leq \tau$ et soient P_ω des probabilités sur F^τ vérifiant les conditions :

(i), (ii) du lemme 6

(iii) $\overline{P_\omega} = \theta_{\tau(\omega)} P_\omega$ est une solution du problème des martingales

$(X_\tau(\omega) ; a_2, b_2)$

Soit P' une probabilité sur (Ω, F_∞) telle que P' = P sur F_τ et $P'(\ |F_\tau) = P_\omega$ p.s. sur F^τ alors P' est une solution du problème $(x ; a_2, b_2)$

Supposons maintenant a uniformément elliptique, c'est-à-dire que pour $\lambda \in R^d$, $\lambda^* a \lambda \geqslant C|\lambda|^2$ ce qui entraîne que la plus petite valeur propre de a(x) est minorée.

Considérons P_1 et P_2 deux solutions de (x ; a, b) et choisissons un $\varepsilon > 0$ tel que la proposition 5 soit valable pour tous les $a_{ij}(x) = h_{ij}$.

Posons $\tau = \inf \{t ; \sup_{i,j} |a_{ij}(X_s) - a_{ij}(X_t)| > \varepsilon\} \wedge 1$ et montrons que P_1 et P_2 coïncident sur F_τ.

Soit $\tilde{a}(y) = (\tilde{a}_{ij}(y))$ tel que pour tout y $|\tilde{a}_{ij}(y) - a_{ij}(x)| < \varepsilon$ et $\tilde{a}(X_u) = a(X_u)$, $u \leqslant \tau$ p.s. τ est le temps de sortie d'un voisinage convenable de x. Soit enfin R_y une solution mesurable en y de $(y ; \tilde{a}, 0)$; cela existe (théorème 11, chapitre II) ; vu le lemme 6, on peut construire, pour i = 1, 2, Q_i sur F_∞ telle que $Q_i = P_i$ sur F_τ et $Q_i\left[\ |F_\tau\right] = R_{X_\tau}$ sur F_τ. Utilisant la proposition 7 et la remarque qui suit (chapitre II), on déduit du lemme 7 que Q_i est une solution de $(x ; \tilde{a}, 0)$, on a donc (proposition 5) $Q_1 = Q_2$ donc $P_1 = P_2$ sur F_τ.

Construisons maintenant la suite de t.a.,

$\tau_1 = \tau$, $\tau_n = \tau_{n-1} + \tau \circ \theta_{\tau_{n-1}}$; et supposons que P_1 et P_2 coïncident sur $F_{\tau_{n-1}}$.

Définissant $Q^i_\omega = P_i\left[\ | F_{\tau_{n-1}}\right]$, on a $P_i(A) = \int Q^i_\omega(A)\, dP_i$.

Soit $A \in \mathcal{F}_{\tau_n}$, comme les Q^i_ω sont $F_{\tau_{n-1}}$ et que les P_i coïncident sur $F_{\tau_{n-1}}$, il suffit de montrer que $Q^1_\omega(A) = Q^2_\omega(A)$. Pour cela on utilise le lemme technique,

Lemme 8

F_{τ_n} est engendrée par les ensembles de la forme $B \cap \theta^{-1}_{\tau_{n-1}} C$ où

$B \in F_{\tau_{n-1}}$ et $C \in F_\tau$.

On peut donc se limiter aux ensembles A de la forme $B \cap \theta^{-1}_{\tau_{n-1}} C$.

$Q^i_\omega (B \cap \theta^{-1}_{n-1} C) = 1_B \; Q^i_\omega(\theta^{-1}_{n-1} C) = 1_B \; Q^i_\omega(C)$; mais $\bar{Q}^i_\omega$ est solution du

problème $(X_{\tau_{n-1}}(\omega)\ ;\ a, 0)$ et donc $\bar{Q}^1_\omega = \bar{Q}^2_\omega$ sur F_τ. Donc $P_1 = P_2$ sur F_{τ_n}.

La continuité de X_t implique que $\tau_n \to +\infty$; donc si $A \in F_t$,

$A = A \cap (\tau_n < t) + A \cap (\tau_n \geqslant t)$ et comme $A \cap |\tau_n \geqslant t| \in F_{\tau_n}$ on a

$P_1(A) = P_2(A) = P_1 \left[A \cap (\tau_n < t)\right] - P_2 \left[A \cap (\tau_n < t)\right] \to 0$. Finalement $P_1 = P_2$.

Supposons maintenant a continue, elliptique et soit $\tau_n = \inf\ (t\ ; |X_t| \geqslant n)$;

$a^n(x) = a(x)$ si $|x| \leqslant n$, $a^n(x)$ est continue uniformément elliptique.

Considérons deux solutions de $(x\ ;\ a, 0)$ P_1 et P_2. Le même raisonnement que ci-dessus montre que P_1 et P_2 coïncident sur F_{τ_n} car il y a unicité pour le problème $(x\ ;\ a^n, 0)$. Comme $\tau_n \to +\infty$, on a $P_1 = P_2$.

On a montré

Théorème 9

Soit a(x) un champ de matrices symétriques, continue, elliptique borné ; alors, pour tout $x \in R^d$, le problème des martingales $(x\ ;\ a, 0)$ a une et une seule solution.

On a donc existence et unicité de la diffusion associée à $L = \frac{1}{2} \sum a_{ij} D_{ij}$; cette diffusion est fortement markovienne et est un processus de Feller (chapitre II, théorème 11).

[1] Mme BONAMI - Processus de diffusion à coefficients continus d'après Stroock-Varadhan. Exposés au séminaire de probabilité, PARIS VI, 1970-1971

[2] Séminaire de Probabilité IV. Springer Verlag, p. 241-282

[3] STROOCK-VARADHAN - Diffusion processus with continuous coefficients I Comm. Pure Appl. Math. 12, 1969.

Chapitre V

LA FORMULE DE CAMERON-MARTIN

On considère l'espace canonique (Ω, F_t, F) - $\Omega = C(R_+, R^d)$, $F_t = \sigma(X_s ; s \leq t)$, $F_\infty = \sigma(X_s, s \in R_+)$ - muni d'une probabilité P. Soit Z_t une P-martingale par rapport aux tribus $\overline{F_t}$ telle que $Z_t \geq 0$ et $E Z_t = 1$. La formule $Q_t(A) = \int_A Z_t \, d P$, $A \in F_t$, définit une probabilité sur F_t et on a pour $A \in F_s$, $s < t$, $Q_s(A) = Q_t(A)$. Par un argument du type théorème de Kolmogoroff, on en déduit l'existence d'une probabilité Q sur F telle que, sur F_t, $Q = Q_t$.

<u>Théorème 1</u> (formule de Cameron-Martin)

Soient $(a(x), x \in R^d)$ un champ de matrice symétrique, ≥ 0, borné, $(b(x), x \in R^d)$ un champ de vecteurs borélien borné, $(c(x), x \in R^d)$ un champ de vecteurs borélien, localement borné tel que $a(x)\, c(x)$ soit borné.

Soit P une solution du problème des martingales $(x ; a, b)$ alors,

$$(1) \quad Z_t = \exp \{\int_0^t <c(X_u), dX_u> - \int_0^t <c(X_u), b(X_u)> du - \frac{1}{2} \int_0^t <ac(X_u), c(X_u)> du\}$$

est une P-martingale.

Soit Q la probabilité définie par $\frac{dQ}{dP} / F_t = Z_t$, alors Q est une solution du problème des martingales $(x ; a, b + ac)$.

<u>Remarque</u> : sous les hypothèses ci-dessus $M_t = X_t - X_0 - \int_0^t b(X_s)\, ds$ est une martingale vectorielle et $\int_0^t \varphi(X_s)\, d X_s$ est définie comme

$$\int_0^t \varphi(X_s)\, dM_s - \int_0^t \varphi(X_s)\, b(X_s)\, ds.$$

<u>Démonstration</u>

On suppose d'abord $c(x)$ <u>borné</u>.

On applique la proposition 6, chapitre II à $\theta(u) = \theta + c(X_u)$ qui est borné et on a

$$\exp\{<\theta,\ X_t - X_s> - \int_0^t <\theta,\ b(X_u) + ac(X_u)> du - \frac{1}{2}\int_0^t <\theta,\ a(X_u)\ \theta> du\} \times$$

$$\exp\{\int_0^t <c(X_u),\ dX_u> - \int_0^t <c(X_u),\ b(X_u)> du - \frac{1}{2}\int_0^t <ac(X_u),\ c(X_u)> du\}$$

$$= X_t^\theta \cdot Z_t$$

est une P-martingale pour tout $\theta \in R^d$.

Pour $\theta = 0$, on obtient que Z_t est une P-martingale et on a pour

$A \in F_s$, $s < t$, $\int_A X_t^\theta\, dQ = \int_A X_t^\theta\, Z_t\, dP = \int_A X_s^\theta\, Z_s\, dP = \int_A X_s^\theta\, dQ$,

donc X_t^θ est une Q-martingale et, chapitre II, théorème 2, Q est une solution du problème $(x\ ;\ a,\ b + ac)$.

Remarquons que $\int_0^t <c(X_u),\ dX_u> - \int_0^t <c(X_u),\ b(X_u)> du$

$= \int_0^t <c(X_u),\ dM_u>$ est une martingale du processus croissant

$\int_0^t <ac(X_u),\ c(X_u)> du$.

Passons au cas général et définissons $B_m = \{y\ ;\ |y - x| \leqslant m\}$,

$\tau_m = \inf\ (t\ ;\ X_t \notin B_m)$, $c_n = c\ 1_{B_n}$, c_n est borné. De plus, par hypothèse, pour tout $x \in R^d$, $|a(x)| \leqslant M$, $|b(x)| \leqslant M$, $|a(x)\ c(x)| \leqslant M$.

On note Z_t^n la martingale définie par (1) et où c est remplacé par c_n ; Q^n la probabilité correspondante, c'est une solution du problème $(x\ ;\ a,\ b + a\ c_n)$.

Par construction si $n > m$, $Z_t^n = Z_t^m$ pour $t < \tau_m$. On définit donc à l'aide de la formule (1) une martingale locale $\geqslant 0$ Z_t telle que $Z_{t\wedge\tau_n} = Z_t^n$. On va démontrer que la famille $(Z_t^n\ ;\ n \in N)$ est uniformément intégrable, ce qui impliquera que Z_t est une martingale. Ceci se fait en deux étapes.

(i) $\sup_n E\,(Z_t^n,\ 1_{[\tau_m < t]}) \xrightarrow[m\to+\infty]{} 0$

En effet,

$$E(Z_t^n \, 1_{[\tau_m < t]}) = Q^n \,[\tau_m < t] = Q^n \left[\sup_{s \leq t} |X_s - X_o| \geq m\right]$$

$$= Q^n \left[\sup_{s \leq t} |X_s - X_o - \int_o^s (b + ac)(X_u)\, du| \geq m - 2\, Mt\right]$$

$$\leq 2 \exp \left[- \frac{(m - 2\, Mt)^2}{2\, Mt\, d^2}\right] \text{ - chapitre II, proposition 3,}$$

puisque $|a(x)| \leq M$.

(ii) m fixé, $(Z_t^n \cdot 1_{[\tau_m \geq t]}, n \in N)$ est équi intégrable.

Comme $Z_t^n \cdot 1_{[\tau_m \geq t]} = Z^n_{t \wedge \tau_m} \, 1_{[\tau_m \geq t]} \leq Z^n_{t \wedge \tau_m}$, il suffit de montrer que

pour tout n, $E((Z^n_{t \wedge \tau_m})^2) \leq C_m$.

$$\text{Mais } (Z^n_{t \wedge \tau_m})^2 = \exp \Big[2 \int_o^{t \wedge \tau_m} <c_n(X_s), d\, M_s>$$

$$- \int_o^{t \wedge \tau_m} <a\, c_n\,(X_s), c_n(X_s)> ds\Big]$$

$$\leq \exp \left[2 \int^{[t,\tau_m]} <c_n(X_s), dM_s>\right] \exp \left[t\, M\, k_m^2\right] \text{où } k_m = \|c_m\| ,$$

Mais $U_t^{n,m} = 2 \int_o^{t \wedge \tau_m} <c_n(X_s), dM_s>$ est une martingale de processus croissant

$4 \int_o^{t \wedge \tau_m} <a\, c_n(X_s), c_n(X_s)> ds \leq 4\, tMk_m^2$, on en déduit donc que

$E\left[\exp U_t^{n,m}\right] \leq C_m$. Appliquons le théorème 18, chapitre I et la méthode utilisée dans la démonstration de la proposition 3, chapitre II.

Le processus Z_t étant une martingale, on a, avec les notations de la première partie, $X_t^\theta \cdot Z_t$ est une P martingale locale, donc X_t^θ est une Q-martingale locale, donc (proposition 4, chapitre II), X_t^θ est une Q-martingale et Q est une solution de (x ; a, b + ac).

<u>Théorème 2</u>

Supposons que le problème des martingales (x ; a, o) a une et une seule solution P - a borélien, borné - Soit b(x) un champ de vecteurs mesurables, borné tel qu'il existe c(x) mesurable, localement borné tel que

$a(x)\ c(x) = b(x)$; alors le problème des martingales $(x\ ;\ a,\ b)$ a une et une seule solution Q et,

$$(2)\quad \frac{dQ}{dP}\Big|_{F_t} = \exp\Big[\int_0^t \langle c(X_u),\ dX_u\rangle - \frac{1}{2}\int_0^t \langle b(X_u),\ c(X_u)\rangle\ du\Big].$$

Démonstration

L'existence d'une solution de $(x\ ;\ a,\ b)$ et la formule (2) résultent du théorème 1.

Soient donc Q_1 et Q_2 deux solutions de $(x\ ;\ a,\ b)$ et $M_t = X_t - X_o - \int_0^t b(X_s)\ ds$. $\frac{Q_1+Q_2}{2}$ est encore une solution de $(x\ ;\ a,\ b)$ donc M_t est une $\frac{Q_1+Q_2}{2}$ martingale.

On peut donc construire une intégrale stochastique $\int_0^t \langle c(X_u),\ dM_u\rangle$ pour $\frac{Q_1+Q_2}{2}$ qui est une version de $\int_0^t \langle c(X_u),\ dM_u\rangle$ et pour Q_1 et pour Q_2 ; c'est ce qu'on entendra dans la suite par la notation $\int_0^t \langle c(X_u),\ dM_u\rangle$.

$$\tilde{Z}_t = \exp\Big\{\int_0^t \langle -\ c(X_u),\ dM_u\rangle - \frac{1}{2}\int_0^t \langle ac(X_u),\ c(X_u)\rangle\ du\Big\}$$

est donc une Q_1 et une Q_2 martingale et les probabilités P_1 et P_2 définies par $\frac{dP_1}{dQ_1}\Big|_{F_t} = \tilde{Z}_t$, $\frac{dP_2}{dQ_2}\Big|_{F_t} = \tilde{Z}_t$ sont donc (théorème 1) des solutions de $(x ;\ a,\ b - ac) = (x\ ;\ a,\ o)$. On a donc $P_1 = P_2$, c'est-à-dire que pour tout Φ, F_t-mesurable $\geqslant 0$, $\int \Phi\ dP_1 = \int \Phi.\tilde{Z}_t\ dQ_1 = \int \Phi.Z_t\ dQ_2 = \int \Phi.dP_2$.

Désignant par U_t une variable aléatoire F_t-mesurable égale Q_1 p.s. et Q_2 p.s. à $\tilde{Z}_t^{-1}$ (c'est possible par construction de $\tilde{Z}_t$), on a, en prenant $A \in F_t$ et $\Phi = 1_A\ U_t$, $Q_1(A) = Q_2(A)$; d'où $Q_1 = Q_2$.

Supposons $a(x)$ continu, elliptique, alors si $b(x)$ est borélien borné $b(x) = a(x)\ c(x)$ avec $c(x) = a^{-1}(x)\ b(x)$ borné sur tout compact ;

on obtient alors,

Théorème 3

Soient $(a(x), x \in R^d)$ un champ de matrices symétriques, elliptique(*) borné, continu, $(b(x), x \in R^d)$ un champ de vecteurs borélien, borné. Alors pour tout $x \in R^d$, le problème des martingales $(x ; a, b)$ a une et une seule solution. Il existe un et un seul processus de diffusion associé à

$L = \frac{1}{2} \sum a_{ij} D_{ij} + \sum b_i D_i$; ce processus est fortement Markovien.

Remarque

En fait, lorsque $a(x)$ est elliptique on a de bien meilleurs résultats sur le semi-groupe P_t associé à la diffusion de génération L ; en particulier, le semi-groupe est fortement Fellerien et on a également des majorations précises. des densités de $P_t(x ; dy)$; à ce sujet, voir la deuxième partie de l'article de Stroock-Varadhan [1].

[1] STROOCK-VARADHAN : Diffusion processes with continuous coefficients II Comm. Pure Appl. Math. 12 (1969).

(*) Rappelons que, par elliptique, on entend $\sum a_{ij}(x) \lambda_i \lambda_j > 0$ pour tout $\lambda \in R^d$, $\lambda \neq 0$.

Chapitre VI

DIFFUSION SUR UNE VARIETE

Dans ce chapitre, nous allons construire les processus de diffusion sur une variété associés à un opérateur elliptique L. La formulation en terme de problème des martingales va nous permettre de passer assez facilement du local au global. Voir à ce sujet Mme Karoui [4] et Azencott [1]. Nous suivrons de très près [1].

1 - Soit V une variété différentiable de classe C^p ($p \geq 2$), connexe, de dimension m, à base dénombrable. On notera (U, k) une carte locale, $\mathcal{B}(V)$, $C(V)$, $C^k(V)$, $C_c(V)$, $C_c^k(V)$ les fonctions boréliennes, continues, k fois différentiables, continues à support compact, k fois différentiables à support compact sur V.

Un opérateur elliptique d'ordre 2 sur V est une application :

$$L : C_c^2(V) \longrightarrow \mathcal{B}(V)$$

telle que, pour toute carte locale (U, k), et toute $u \in C_k^2$,

$$Lu(x) = \frac{1}{2} \sum_{i,j=1}^{m} a_{ij}^h(x) \frac{\partial^2 u}{\partial h_i \, \partial h_j}(x) + \sum_{i=1}^{m} b_i^h(x) \frac{\partial u}{\partial h_i}(x) + c(x)\, u(x).$$

Dans la suite, <u>on supposera toujours $c \equiv 0$</u>, a_{ij}^h, b^h boréliennes, localement bornées ; $a_{i,j}^h$ non négative. On appellera L un opérateur de diffusion sur V.

On notera $X_V = (\Omega_V, X_t, F_t)$ la fonction aléatoire canonique, où Ω_V désigne l'ensemble des applications continues de R_+ dans $V_u(\partial)$ - ∂ point à l'infini ou isolé si V est compact - telles que si $\zeta(\omega) = \inf(t ; \omega(t) = \partial)$ on ait $X_u(\omega) = \partial$ quelque soit $u \geq \zeta(\omega)$; $X_t(\omega) = \omega(t)$; $F_t = \sigma(X_s, s \leq t)$.

On introduit comme au chapitre II, n° 2, les opérateurs de translation

θ_t, θ_τ, τ temps d'arrêt de F_t ; puis comme au chapitre IV, n° 3, les tribus F^t, F^τ.

L'ensemble Ω_V est borélien dans l'espace des applications continues de R_+ dans $V\cup(\partial)$ muni de la topologie de la convergence uniforme sur tout compact et F_∞ est la trace de la tribu borélienne, donc (Ω_V, F_∞) est un espace standard et pour toute probabilité P sur (Ω_V, F_∞), on peut considérer une version régulière de la probabilité conditionnelle $P(\ / F_\tau)$.

Définition 1 : Soit L un opérateur de diffusion sur V, on appelle diffusion associée à L une famille $(P_x, x \in V)$ de probabilités sur (Ω_V, F_∞) telles que $(\Omega_V, F_\infty, X_t, P_x)$ soit un processus de Markov et :

(1) $E_x f(X_t) - f(x) = E_x \int_0^t Lf(X_s)\, ds$ quelle que soit $f \in C_c^2(V)$.

Définition 2 : Une probabilité P sur (Ω_V, F_∞) est dite solution du problème des martingales (x, L) si, quelle que soit $f \in C_c^2(V)$, $H_t^f = f(X_t) - f(x) - \int_0^t Lf(X_s)\, ds$ est une martingale -pour (Ω_V, F_t, P)-, et si $P[X_0 = x] = 1$.

Lemme 3 : Soient P une solution du problème des martingales (x, L) et τ un temps d'arrêt. Soit P_ω une version régulière de $P(\ |F_\tau)$. Alors pour P presque tout ω tel que $\tau(\omega) < \zeta(\omega)$, Q_ω définie par $Q_\omega(A) = P_\omega(\theta_\tau^{-1} A)$ est une solution du problème des martingales $(X_\tau(\omega), L)$.

Démonstration : Supposons d'abord le temps d'arrêt τ borné. Il s'agit de montrer que P p.s. $\int Y\,(H_t^f - H_u^f)\, dQ_\omega = 0$ pour $u < t$, Y F_u-mesurable bornée. Mais $\int Y(H_t^f - H_u^f)dQ_\omega = \int Y\circ\theta_\tau(H_t^f \circ \theta_\tau - H_u^f \circ \theta_\tau)dP_\omega$ et pour $A \in F_\tau$,

$\int_A\int Y \circ \theta_\tau(H_t^f \circ \theta_\tau - H_u^f \circ \theta_\tau)dP_\omega\, dP = \int_A Y \circ \theta_\tau(f(X_{t+\tau}) - f(X_{u+\tau}) - \int_{\tau+u}^{\tau+t} Lf(X_s)ds) = 0$ par hypothèse (théorème d'arrêt). A partir de là, la démonstration est standard (voir chapitre II, proposition 7). Si τ n'est pas borné, on considère $\tau_\wedge n$.

Théorème 4 : Supposons que pour tout $x \in V$, le problème des martingales (x, L) ait une solution et une seule P_x et que la famille P_x soit mesurable (i.e. pour $A \in F_\infty$, $x \longrightarrow P_x(A)$ est borélienne); alors il existe une et une seule diffusion associée à L ; elle est fortement markovienne.

Démonstration : elle est identique à celle du théorème 8, chapitre II.

2 - Soient U un ouvert de V et $Y_U = (\Omega_U, Y_t, G_t)$ la fonction aléatoire canonique sur U. Posons $\tau(\omega) = \inf(t, X_t(\omega) \notin U)$; on définit une application j de Ω_V dans Ω_U par :

$$\begin{cases} Y_t(j(\omega)) = X_t(\omega) & 0 \leqslant t < \tau(\omega) \\ Y_t(j(\omega)) = \partial & t \geqslant \tau(\omega) \end{cases}$$

On notera $P_U = j(P)$, P_U est la loi du processus tué à la sortie de U.

Lemme 5 : Si P est une solution du problème des martingales (x, L) sur V, P_U est une solution du problème des martingales (x, L) sur U_1 $(x \in U \subset V)$.

Démonstration : Soit $f \in [\mathcal{C}_c^2(U)]$

$$H_t = f(X_t) - f(X_o) - \int_o^t Lf(X_s)\,ds$$

$$K_t = f(Y_t) - f(Y_o) - \int_o^t Lf(Y_s)\,ds$$

Comme $\mathrm{supp}(f) \subset U$, $H_{t\wedge\tau} = K_t \circ j$; d'après le théorème d'arrêt, $H_{t\wedge\tau}$ est une P-martingale, donc K_t est une P_U-martingale d'où le lemme.

Soit maintenant W un ouvert tel que $W \subset \bar{W} \subset U \subset V$; on pose $\sigma(\omega) = \inf(t \,;\, Y_t(\omega) \notin W)$, donc $\sigma : \Omega_U \longrightarrow \overline{R}_+$.

On définit une application k de Ω_U dans Ω_V par $X_t \circ k\,(\omega) = Y_{t\wedge\sigma}(\omega)$ - $\omega \in \Omega_U$ - Notons que $k^{-1}(F_t) = G_{t\wedge\sigma}$.

Si Q est une probabilité sur (Ω_U, G_∞), on note $Q^W = k(Q)$ la probabilité image sur (Ω_V, F_∞).

On voit de suite qu'étant donnée une probabilité P sur (Ω_V, F_∞), $P^W = (P_U)^W$ et $P^W = P$ sur F_σ.

<u>Lemme 6</u> : Soit toujours $W \subset \overline{W} \subset U \subset V$ et soit $\rho(\omega) = \inf(t \,;\, X_t(\omega) \notin W)$. Soient $f \in C_c^2(V)$ et $H_t^f = f(X_t) - f(X_o) - \int_o^t Lf(X_s)ds$. Si Q est une solution du problème des martingales sur U, (x, L), alors $H_{t\wedge\rho}$ est une $(\Omega_V, F_{t\wedge\rho}, Q^W)$ martingale.

<u>Démonstration</u> : ([1]) Notons $K_t^f = f(Y_t) - f(Y_o) - \int_o^t Lf(Y_s)ds$ et soit, pour $\omega \in \Omega_U$, $\sigma(\omega) = \inf(t \,;\, Y_t(\omega) \notin W)$.

Si $f \in C_c^2(W)$, $H_t^f \circ k = G_{t\wedge\sigma}^f$ mais, théorème d'arrêt, $G_{t\wedge\sigma}^f$ est une Q-martingale donc H_t^f est une Q^W-Martingale.

Si $f \in C_c^2(U)$, d'après ce qui précède H_t^f est une Q^{W_1}-martingale, si W_1 est un ouvert tel que $\mathrm{supp}(f) \subset W_1 \subset \overline{W}_1 \subset U$, $H_{t\wedge\rho}^f$ est donc une Q^{W_1}-martingale et donc une Q^W martingale car $Q^{W_1} = Q^W$ sur F_σ.

Enfin, si $f \in C_c^2(V)$, soit $g \in C_c^2(U)$, $g = f$ sur $\overline{W}$, $H_{t\wedge\rho}^f = H_{t\wedge\rho}^g$ qui est une Q^W-martingale.

3 - Commençons par énoncer deux résultats qui nous seront utiles.

<u>Lemme 7</u> : Soient R un temps d'arrêt et S un temps d'arrêt terminal (i.e. $S = t + S \circ \theta_t$ sur $t < S$). On pose $S_R = R + S \circ \theta_R$. Soit P une probabilité sur (Ω_V, F_∞), on note Q sa trace sur (Ω_V, F_R) et P_ω une version régulière de $P(\ |F_R)$.

On suppose que pour $f \in C_c^2(V)$:

(i) $H_{t\wedge R}^f = f(X_{t\wedge R}) - f(X_o) - \int_o^{t\wedge R} Lf(X_s)ds$ est une Q-martingale adaptée aux $F_{t\wedge R}$,

(ii) pour P p.s. tout ω,

$$f(X_{t\wedge S_R}) - f(X_R) - \int_R^{t\wedge S_R} Lf(X_s)ds \text{ est une } P_\omega\text{-martingale adaptée}$$

aux $F_{t\wedge S_R}$ pour $t \geq R(\omega)$.

Alors $H^f_{t\wedge S_R}$ est une P-martingale adaptée aux $F_{t\wedge S_R}$.

Nous laissons au lecteur le soin de démontrer ce lemme un peu technique (Voir [5] p. 369 - 370 et [1] , lemme 2.2).

4 - Soit maintenant $X = (\Omega, F, X_t, (P_x)_{x\in E_\partial})$ un processus fortement markovien sur un espace l.c.d. E, à trajectoires continues. Si U est un ouvert de E et si $\sigma_U(\omega) = \inf (t \; ; X_t(\omega) \notin U)$, on pose

$$X_t^U(\omega) = \begin{cases} X_t(\omega) & \text{si} \quad t < \sigma_U(\omega) \\ \partial & \text{si} \quad t \geq \sigma_U(\omega) \end{cases}$$

alors $X^U = (\Omega, F, X_t^U, (P_x)_{x\in U_\partial})$ est un processus fortement markovien continu sur U appelé processus induit sur U.

On a le résultat suivant (voir [3] , th. 2.4.2. p. 355).

<u>Théorème 8</u> : Soient E un espace l.c.d., $(U_i, i\in I)$ un recouvrement ouvert de E, et pour chaque $i \in I$, X_i un processus fortement markovien continu sur U_i. On suppose que pour tout couple (i, j) tel que $U_i \cap U_j \neq \emptyset$, les processus induits $X_i^{U_i\cap U_j}$ et $X_j^{U_i\cap U_j}$ sont équivalents. Alors il existe un processus fortement markovien, continu, X sur E, unique, tel que, pour tout $i \in I$, X^{U_i} soit équivalent à X_i.

5 - <u>Proposition 9</u> : Supposons que, pour tout $x \in V$, le problème des martingales sur V(x, L) ait une et seule solution P_x et que la famille P_x soit mesurable; alors, pour tout $x \in U$, U ouvert $\subset V$, le problème des martingales sur U (x, L) a une et une seule solution, à savoir $(P_x)_U$ et la famille $(P_x)_U$ est mesurable.

<u>Démonstration</u> : Il résulte du lemme 5 que $(P_x)_U$ est une solution de (x, L) sur U. Soit maintenant Q une solution sur U de (x, L) et soit $W \subset \overline{W} \subset U$. Notons $\sigma(\omega) = \inf(t \; ; \; X_t(\omega) \notin W)$. On définit des probabilités P_ω sur F_σ par la formule $P(\theta_\sigma^{-1} A) = P_{X_\sigma(\omega)}(A)$. Il existe une probabilité Π sur (Ω_V, F_∞) telle que $\Pi = Q^W$ sur F_σ et P_ω coïncide avec une version régulière de $\Pi(\; | F_\sigma)$. Comme $H^f_{t \wedge \sigma}$ est une Q^W-martingale, il résulte du lemme 7 que H^f_t est une Π-martingale. Donc $\Pi = P_x$ (unicité sur V). Q est donc uniquement déterminée sur G_{σ_W} pour tout W ouvert tel que $W \subset \overline{W} \subset U$; ceci implique que Q est unique.

Enfin il suffit de remarquer que pour un processus continu le temps de sortie σ_U est un temps d'arrêt de la famille F_t car $\sigma_U = \sup \sigma_{K_n}$ pour K_n compact, $K_n \uparrow U$.

<u>Théorème 10</u> : Soit $(U_i, i \in I)$ un recouvrement ouvert de V. On suppose que, pour chaque i, le problème des martingales sur $U_i(x, L)$ a une et une seule solution P^i_x et que la famille P^i_x est mesurable.

Alors :

(i) le problème des martingales sur $V(x, L)$ a une et une seule solution,

(ii) il existe une et une seule diffusion sur V associée à L.

<u>Démonstration</u> : Nous allons décomposer la démonstration en plusieurs étapes.

1°) D'abord en vertu du théorème 4, pour chaque i, il existe une diffusion sur U_i associée à L, $X^{U_i} = (\Omega_{U_i}, X_t, P^i_x)$.

En utilisant la proposition 9, on voit que les diffusions induites par X^{U_i} et X^{U_j} sur $U_i \cap U_j$ sont identiques d'après le théorème 4.

Donc (théorème 8) il existe un processus $X = (\Omega, X_t, P_x)$ sur V à trajectoires continues (sur $[0, \zeta[$) et un seul, fortement markovien, qui induit sur X^{U_i} sur U_i. Notons qu'on peut choisir pour Ω l'ensemble des applications absorbées en ∂ , continues sur $[0, \zeta[$ mais que pour l'instant $\Omega \neq \Omega_V$ - on ne sait pas encore si $X_t \longrightarrow \partial$ lorsque $t \longrightarrow \zeta$.

2°) On va établir que :

(1) quelle que soit $f \in C_c^2(V)$, $E_x\, f(X_t) - f(x) = E_x\, [\int_0^t Lf(X_s)\, ds]$

ce qui entraîne immédiatement, compte-tenu de la propriété de Markov (voir chapitre I, n° 1, exercice) que

(2) quelle que soit $f \in C_c^2(V)$, $f(X_t) - f(X_0) - \int_0^t Lf(X_s)ds$ est une P_x-martingale.

Il suffit de montrer (1) pour $\mathrm{supp}(f) \subset U_i$ car f s'écrit $\sum_{i=1}^n f_i$ avec $\mathrm{supp}(f_i) \subset U_i$.

Soit donc $f \in C_c^2$ avec $\mathrm{supp}(f) \subset W \subset \overline{W} \subset U \subset \overline{U} \subset U_i$, et définissons :

$$S(\omega) = \begin{cases} \text{si } X_0(\omega) \in U, \inf (t \,;\, X_t \notin U) \\ \text{si } X_0(\omega) \notin U, \inf (t \,;\, X_t \notin \overline{W}^c) \end{cases}$$

avec chaque fois $+\infty$ si l'ensemble est vide.

On pose $S_n = S_{n-1} + S_0\, \theta_{S_{n-1}}$; $S_0 = S$

D'après la continuité des trajectoires $\lim_n S_n \geq \zeta$

Notons que l'on a :

(3) pour tout $x \in V$, $E_x [f(X_{t\wedge S}) - f(X_0) - \int_0^{t\wedge S} Lf(X_s)ds] = 0$,

en effet, si $x \notin U$ $f(X_u) = 0$ pour $u \leq S$ et si $x \in U$,

$E_x\, [\ldots] = E_x^i\, [\ldots] = 0$ puisque les P_x^i sont les lois sur U_i de la diffusion associée à L.

Supposons donc que l'on ait, pour n,

(4) pour tout $x \in V$, $E_x [f(X_{t\wedge S_n}) - f(X_0) - \int_0^{t\wedge S_n} Lf(X_s)ds] = 0$

et cherchons à montrer cette relation à l'ordre n+1.

$$A_{n+1} = E_x\left[f(X_{t\wedge S_{n+1}}) - f(X_o) - \int_o^{t\wedge S_{n+1}} Lf(X_s)ds\right]$$

$$= E_x\left[f(X_{t\wedge S_{n+1}}) - f(X_{t\wedge S_n}) - \int_{t\wedge S_n}^{t\wedge S_{n+1}} Lf(X_s)ds\right] \text{, d'après (4)}$$

$$= E_x\left[1_{[t>S_n]}\,(f(X_{t\wedge S_{n+1}}) - f(X_{S_n}) - \int_{S_n}^{t\wedge S_{n+1}} Lf(X_s)ds\right].$$

Rappelons une forme particulière de la propriété de Markov forte ; si $\Phi(\omega,\omega')$ est $F_\tau \otimes F$-mesurable bornée, τ temps d'arrêt, alors

$$(5) \quad \int dP_x(\omega)\ \Phi(\omega,\ \theta_\tau\omega) = \int dP_x(\omega) \int dP_{X_\tau(\omega)}(\omega')\ \Phi(\omega,\ \omega')$$

Compte-tenu de (5),

$$A_{n+1} = \int 1_{[t>S_n(\omega)]}\{f\left[[X((t - S_n(\omega))\overset{+}{\wedge} S(\theta_{S_n}\omega)),\ \theta_{S_n}(\omega))\right] - f(X_o(\theta_{S_n}\omega\ ))$$

$$- \int_o^{(t-S_n(\omega))\overset{+}{\wedge} S(\theta_n\omega)} Lf(X_s(\theta_{S_n}\omega))ds\}dP_x(\omega)$$

$$= \int 1_{[t>S_n(\omega)]}dP_x(\omega)E_{X_{S_n}(\omega)}\{f(X_{(t-S_n(\omega))\overset{+}{\wedge}S}) - f(X_o) - \int_o^{(t-S_n(\omega))\overset{+}{\wedge}S} Lf(X_s)ds\ \}$$

$= 0$ d'après (3).

On a donc démontré (4), de là, on déduit facilement (1) en faisant tendre n vers $+\infty$ puisque $\lim\uparrow S_n \geqslant \zeta$.

3°) On va maintenant montrer qu'on peut définir les P_x sur Ω_V. Soit U_n une base de la topologie formée d'ouverts relativement compacts et W_n^m des ouverts contenant $\overline{U_n}$ tels que $W_n^m \underset{m}{\downarrow} U_n$.

Fixant U_n et W_n^m, on définit $\tau = \inf(t,\ X_t \in U_n)$, $\sigma = \inf(t,\ X_t \notin W_n^m)$,

$\tau_1 = \tau,\ \tau_2 = \tau + \sigma o\ \theta_\tau\ ,\ldots,\ \tau_{2p+1} = \tau_{2p} + \tau o \theta_{2p},\ \tau_{2p+2} = \tau_{2p+1} + \sigma o \theta_{2p+1},\ldots$

On note $\tau_p^{m,n}$ cette suite de temps d'arrêt ; $\tau_p^{m,n} \uparrow \tau^{m,n}$ et d'après la continuité des trajectoires $\tau^{m,n} \geq \zeta$. Si, pour tout x, $P_x\left[\tau_{m,n} = \zeta < +\infty\right] = 0$, alors on voit facilement que X_{ζ}-existe.

Supposons donc qu'il existe q tel que $P_x\left[\zeta_{m,n} = \zeta \leq q\right] > 0$; et soit f de classe C^2, f = 1 sur U_n, f = 0 sur $(W_n^m)^c$.

D'après (2) et le théorème de convergence des martingales,

$$f(X_{\zeta_p^{m,n}\wedge q}) - f(X_o) - \int_o^{\tau_p^{m,n}\wedge q} Lf(X_s)ds \xrightarrow[p]{} \quad P_x \text{ ps},$$

car Lf est bornée puisque L est localement borné.

Donc $f\left[X_{\tau_p^{m,n}\wedge q}\right] - f\left[X_{\tau_{p'}^{m,n}\wedge q}\right] \xrightarrow[p.p'\to+\infty]{} 0 \; P_x$ ps,

ce qui est absurde sur l'ensemble $\{\tau_{m,n} = \zeta \leq q\}$.

On a donc montré que $X_{\zeta-}$ existe, on va maintenant établir que $X_{\zeta-} \notin V$ i.e. $X_{\zeta-} = \partial$- Soit D_n des ouverts recouvrant V tels que $D_n \subset U_i$ pour un certain i , il suffit de montrer que $P_x\left[X_{\zeta-} \in D_n\right] = 0$ pour tout $x \in V$ et $n \in \underline{N}$. Soit τ_p la suite des visites successives à D_n après avoir atteint U_i^c ; si $X_{\zeta-} \in D_n$, alors il existe p tel que $X_t \in D_n$ pour tout $\tau_p \leq t < \zeta$. Il suffit donc de montrer que $P_x\left[X_{\zeta-} \in D_n \; ; \; X_t \in D_n \text{ pour tout t tel que } \tau_p \leq t < \zeta\right] = 0$ mais cette expression vaut $E_x\, P_{X_\tau}\left[X_{\zeta-} \in D_n,\; X_t \in D_n \text{ pour tout } t < \zeta\right]$
$= E_x\, P^i_{X_\tau}\left[X_{\zeta-} \in D_n,\; X_t \in D_n \text{ pour tout } t < \zeta\right] = 0.$

On a donc montré l'existence d'une diffusion $(\Omega_V, F_t, X_t, P_x)$ sur V associée à L -au sens de la définition 1-.

4°) Voir [1] . Soit Π une autre solution du problème des martingales (x, L) sur V. Remarquons d'abord que si $x \in W$ ouvert avec $\overline{W} \subset U_i$ alors (lemme 5)

Π_{U_i} est une solution du problème des martingales sur U_i donc $\Pi_{U_i} = (P_x)_{U_i}$ et $\Pi^W = (P_x)^W$; en particulier

(6) $\Pi = P_x$ sur F_σ où $\sigma = \inf (t_i, X_t \notin W)$.

Soit $(V_p)_{p \in \underline{N}}$ un recouvrement ouvert de V tel que chaque $\overline{V}_p$ soit contenu dans une carte U_i.

Supposons d'abord que $V = V_1 \cup V_2$. Et posons,

$$S = \begin{cases} \inf(t_i, X_t \notin V_1) \text{ si } X_o \in V_1 \\ \inf(t_i, X_t \notin V_2) \text{ si } X_o \notin V_1 \end{cases} ; \quad S_o = S, \; S_{n+1} = S_n + S \circ \theta_{S_n} ;$$

Toujours, d'après la continuité des trajectoires $\lim \uparrow S_n \geqslant \zeta$

D'après (6) Π et P_x coïncident sur F_{S_o} ; supposons qu'elles coïncident sur F_{S_n}. D'après le lemme 3, si Π_ω est une version régulière de $\Pi(.|S_n)$, $Q_\omega(A) = \Pi_\omega(\theta_{S_n}^{-1}A)$ est une solution du problème $(X_{S_n}(\omega), L)$ Π ps et aussi P ps. Donc Q_ω et $P_{X_{S_n}(\omega)}$ coïncident ps sur F_S d'où Π_ω et $P_x(.|F_{S_n})$ coïncident sur $\theta_{S_n}^{-1}(F_S)$ ps et finalement Π et P_x coïncident sur $F_{S_{n+1}}$ car F_{S_n} et $\theta_{S_n}^{-1}(F_s)$ engendrent $F_{S_{n+1}}$ - [2] , théorème 45 -

Finalement $\Pi = P_x$.

Dans le cas général, on introduit les temps de sortie τ_p de $V_1 \cup \ldots \cup V_p$. D'après ce qui précède Π et P_x sont égales sur F_{τ_2} puis sur F_{τ_p} et comme $\lim \uparrow \zeta_p \geqslant \zeta$, $\Pi = P_x$.

6 - <u>Théorème 11</u> : Soit L un opérateur de diffusion sur V (voir n° 1). On suppose que L est continu, localement borné et

soit (i) L est de classe C^2

soit (ii) L est strictement elliptique.

Alors il existe une et une seule diffusion sur V associée à L.

<u>Remarque</u> : L est de classe C° (ou C^2) si dans chaque carte les a^h_{ij}, b^h sont C° (ou C^2), L est strictement elliptique si dans chaque carte la matrice a^h_{ij} est définie positive en tout point.

<u>Démonstration</u> : On considère un recouvrement ouvert $(V_p, p \in N)$ tel que $\bar{V}_p \subset U_i$.

Fixons p, et soit (U_i, h) une carte locale telle que $\bar{V}_p \subset U_i$. On peut trouver des fonctions continues sur R^m, $a_{ij}(x)$, $b_i(x)$ continues, bornées et vérifiant (i) ou (ii) telles que $a_{ij}(x) = a^h_{ij}(x)$, $b_i(x) = b^h_i(x)$ pour tout $x \in h(V_p)$.

Il existe (chapitre III ou chapitre IV) une et une seule diffusion sur R^m. $X = (\Omega, X_t, P_x)$ associés à $L' = \frac{1}{2} \sum a_{ij} D_{ij} + \sum b_i D_i$. Les coefficients étant continus, le semi-groupe associé est de Feller (chapitre II, théorème 11), on en déduit donc que les P_x sont mesurables. De plus, le problème des martingales sur R^m, (x, L'), a une et une seule solution P_x qui est mesurable. Donc (proposition 9) le problème des martingales sur $h(V_p)$, (x, L'), a une et une seule solution P^p_x qui est mesurable ; il existe donc une et une seule diffusion sur $h(V_p)$ associée à L', c'est-à-dire une et une seule diffusion sur V_p associée à L. On conclut par le théorème 10.

<u>B I B L I O G R A P H I E</u>

[1] R. AZENCOTT. Methods of localisation and diffusions on mani folds - (à paraître).

[2] P. COURREGE et P. PRIOURET. Temps d'arrêt d'une fonction aléatoire. Publ Inst Stat Univ Paris 14 (1965) p. 245.

[3] P. COURREGE et P. PRIOURET. Recollement de processus de Markov. Publ Inst Stat Univ Paris 14 (1965) p. 275.

[4] N. EL KAROUI. Processus de diffusion associés à un opérateur elliptique dégénéré et à une condition frontière (à paraître).

[5] D. STROOCK - S. VARADHAN. Diffusion processes with continuous coefficient Comm Pure Appl Math XXII p. 345 et p. 479 (1969).

INTRODUCTION AUX PROCESSUS DE MARKOV

A PARAMETRE DANS Z_ν

par Frank L. SPITZER

Je suis très reconnaissant à Messieurs AMARA, VILLARD, MONTADOR, DEMONGEOT, LEDRAPPIER, HENION qui ont rédigé les conférences et qui y ont apporté beaucoup d'améliorations.

CHAPITRE I

CHAMPS ALEATOIRES ET LIMITES THERMODYNAMIQUES

Soit $\Omega = \{0, 1\}^{\mathbb{Z}_\nu}$, où $\mathbb{Z}_\nu$ désigne le produit cartésien de ν ensembles d'entiers $\mathbb{Z}$. On va étudier une classe $\mathcal{M}_\nu$ de mesures de probabilités sur $(\Omega, \mathcal{F})$, où $\mathcal{F}$ est la σ-algèbre produit sur Ω. On peut voir Ω comme l'ensemble des configurations de particules sur $\mathbb{Z}_\nu$, considéré comme ensemble de sites : pour $x \in \mathbb{Z}_\nu$, $\omega(x) = 1$ si le site x est occupé, et $\omega(x) = 0$ sinon.

Pour $\nu = 1$, $\mathcal{M}_\nu = \mathcal{M}_1 = \mathcal{M}$ sera la classe de mesures μ qui correspondent aux chaînes de Markov stationnaires, à matrice de transition strictement positive :

Définition 1

Une mesure de probabilité μ sur $(\Omega, \mathcal{F})$ appartient à $\mathcal{M}$, s'il existe une matrice stochastique $M = [M(i, j)]$, $i, j = 0, 1$; $M(i, j) > 0$, avec $\pi = \pi M$ son (unique) mesure invariante, de sorte que

$$(1) \quad \mu[\omega : \omega_k = x_0, \omega_{k+1} = x_1, \dots \omega_{k+n} = x_n] = \pi(x_0)\, M(x_0, x_1) \dots M(x_{n-1}, x_n),$$

pour tout $k \in \mathbb{Z}$ et toute suite $x_0, x_1, \dots, x_n$ à valeurs dans $\{0, 1\}$.

Le but principal de ce cours est de généraliser cette définition d'une façon naturelle de une dimension à plusieurs. Donc on va étudier la notion de chaînes stationnaires de Markov quand le paramètre t (le temps) appartient à l'espace $\mathbb{Z}_\nu$ de dimension $\nu \geq 1$. Pour introduire les idées on va caractériser la classe $\mathcal{M} = \mathcal{M}_1$ d'une nouvelle manière, qui se prête mieux à la généralisation. J'appelle cela méthode A, ou méthode de Gibbs. Une autre méthode, plus récente, sera traitée dans le chapitre III, dans les définitions 1 et 4. Elle s'appuie sur les probabilités conditionnelles.

Méthode A

Soit $Q = [Q(i, j)]$, $i, j \in \{0, 1\}$ une matrice positive, $Q(i, j) > 0$. Soit $\Omega_n = \{0, 1\}^{[-n,n]}$ pour tout entier $n \geqslant 1$, et soit φ une application de la frontière $\{-n-1, n+1\}$ de l'intervalle $[-n, n]$ dans $\{0, 1\}$. Disons que $\varphi(-n-1) = a$, $\varphi(n+1) = b$. Soit μ_n^φ la densité de probabilité définie sur Ω_n par

$$(2) \quad \mu_n(\omega) = Z_n^{-1}(\varphi)\, Q(a, \omega_{-n})\, Q(\omega_{-n}, \omega_{-n+1}) \ldots Q(\omega_n, b), \qquad \omega \in \Omega_n.$$

Ici $Z_n(\varphi)$ est une constante de normalisation, telle que

$$\sum_{\omega \in \Omega_n} \mu_n^\varphi(\omega) = 1.$$

En effet on voit que

$$(3) \qquad Z_n(\varphi) = Q^{2n+2}(a, b).$$

On peut considérer μ_n^φ comme mesure de probabilité sur $(\Omega, \mathfrak{F})$ d'une façon arbitraire compatible avec la condition de frontière, par exemple en supposant que $\omega_k = 0$ pour $k \leqslant -n-2$ et $k \geqslant n+2$.

Question : quelles sont toutes les limites vagues μ, qu'on peut obtenir par le passage à la limite (limite thermodynamique)

$$(4) \qquad \lim_{n\to\infty} \mu_n^{\varphi_n} = \mu$$

en utilisant des suites arbitraires de fonctions φ_n qui spécifient les valeurs à la frontière ? Appelons cette classe de mesures $\mathcal{G}$.

Théorème 1

$\mathcal{G} = \mathcal{M}$. De plus, chaque suite $\mu_n^{\varphi_n}$ a une limite vague μ, qui est indépendante de la suite φ_n, et qui dépend de Q de la façon suivante : μ est la mesure de la chaîne de Markov stationnaire avec

$$(5) \qquad M(i,j) = \frac{Q(i,j)\, r(j)}{\lambda\, r(i)}, \quad i, j = 1, 2,$$

où λ est la plus grande valeur propre de M, et $Mr = \lambda r$.

Démonstration

C'est une application du théorème de Frobenius sur les matrices positives. On sait que

$$(6) \qquad \lim_{n\to\infty} \frac{Q^n(i,j)}{\lambda^n} = \ell(j)\, r(i),$$

si $\ell Q = \lambda \ell$, $Qr = \lambda r$, et $\sum_i \ell(i)\, r(i) = 1$. Supposons donc que $\mu \in \mathcal{G}$, et que μ est une limite vague dans le sens de (4), en utilisant la matrice Q et les fonctions φ_n telles que $\varphi_n(n+1) = b_n$, $\varphi_n(-n-1) = a_n$. Pour illustrer l'idée générale on regarde l'évènement que $\omega_0 = \alpha$, $\omega_1 = \beta$. Alors, selon (3)

$$\mu_n^{\varphi_n}[\omega_0 = \alpha,\ \omega_1 = \beta] = \frac{Q^{n+1}(a_n,\alpha)\, Q(\alpha,\beta)\, Q^n(\beta, b_n)}{Q^{2n+2}(a_n, b_n)}.$$

Utilisant (6) et (5)

$$\lim_{n\to\infty} \mu_n^{\varphi_n}[\omega_0 = \alpha,\ \omega_1 = \beta] = \frac{1}{\lambda}\, \ell(\alpha)\, Q(\alpha,\beta)\, r(\beta) = \ell(\alpha)\, r(\alpha)\, M(\alpha,\beta);$$

Mais $\pi(\alpha) = \ell(\alpha)\, r(\alpha)$ satisfait à l'équation $\pi M = \pi$, donc on a démontré que $\mu \in \mathcal{M}$, avec la matrice M donnée par (5). Pour démontrer que $\mu \in \mathcal{M} \Longrightarrow \mu \in \mathcal{G}$, on vérifie aisément qu'on peut prendre $Q = M$.

Remarque : il est clair que tout $\mu \in \mathcal{M}$ peut s'obtenir à l'aide d'une grande famille de matrices Q différentes. La nature de cette ambiguité sera expliquée dans le chapitre II.

Le théorème 1 suggère qu'on doit définir $\mathfrak{M}_\nu$, pour $\nu \geq 1$, de la même façon que la classe $\mathcal{G}$, c'est-à-dire en utilisant comme blocs de construction les éléments d'une matrice positive Q. D'abord quelques notations. Soit

$$\Lambda_n = [-n, n]^\nu \quad , \Omega_n = \{0, 1\}^{\Lambda_n} \quad , Q = Q\ (i, j) > 0 \,;\, i, j \in \{0, 1\},$$

$$\partial \Lambda_n = \{x : x \in \mathbb{Z}_\nu \setminus \Lambda_n \,;\, |y - x| = 1 \text{ pour un } y \in \Lambda_n\}.\ \bar{\Lambda}_n = \Lambda_n \cup \partial \Lambda_n,$$

$$\varphi \ : \partial \Lambda_n \to \{0, 1\}.$$

Les fonctions φ sont les valeurs à la frontière de Λ_n.

Posons $\bar{\omega}\ (x) = \begin{cases} \omega\ (x) \text{ pour } x \in \Lambda_n \\ \varphi\ (x) \text{ pour } x \in \partial \Lambda_n \end{cases}$

On définit les densités de probabilités $\mu^\varphi_{\Lambda_n}$ sur Ω_n par

$$\text{(7)} \qquad \mu^\varphi_{\Lambda_n}\ (\omega) = Z_n^{-1}\ (\varphi) \prod_{\substack{\{x,y\} : x,y \in \bar{\Lambda}_n \\ |x-y|=1}} Q\ (\bar{\omega}_x, \bar{\omega}_y).$$

Evidemment (7) est l'analogue de (2). Donc on espère définir la classe $\mathfrak{M}_\nu$ comme la totalité des limites vagues des mesures données par (7). Ce n'est pas tout à fait satisfaisant, comme nous le verrons dans le chapitre III, théorème 2 (i). On doit en effet considérer aussi les limites vagues de combinaisons convexes de densités $\mu^\varphi_{\Lambda_n}$, selon φ .

<u>Définition 2</u>

$\mathcal{G}_Q$ est l'ensemble de toutes les mesures de probabilités μ sur $(\Omega, \mathcal{F})$ qui sont limites faibles de la forme

$$\text{(8)} \qquad \mu = \lim_{n\to\infty} \sum_{\varphi : \partial \Lambda_n \to \{0,1\}} c_n\ (\varphi) \quad \mu^\varphi_{\Lambda_n} \ ;$$

où $c_n\ (\varphi) \geq 0$, $\displaystyle\sum_{\varphi : \partial \Lambda_n \to \{0,1\}} c_n\ (\varphi) = 1$. Finalement $\mathfrak{M}_\nu = \bigcup_Q \mathcal{G}_Q$.

<u>Remarque</u> : dans le chapitre III, cette définition sera remplacée par les définitions 1 et 4 (équivalentes)

En dimension un, nous avons démontré (théorème 1) que chaque classe $\mathcal{G}_Q$ consiste en une seule mesure μ, parce que la limite vague de $\mu_{\Lambda_n}^{\varphi_n}$ existe et est indépendante de $\{\varphi_n\}$. L'intérêt principal de la théorie en dimension $\nu \geqslant 2$, et de ses applications à la mécanique statistique, est du au fait que <u>la limite peut maintenant dépendre de la suite</u> φ_n des conditions à la frontière. Nous commençons par étudier ce phénomène dans un cas un peu artificiel, mais en revanche très simple. Nous démontrons ensuite le théorème remarquable, que pour $\Omega = \{0,1\}^{\mathbb{Z}_2}$, $\mathcal{G}_Q$ contient plusieurs éléments, si

$$Q = \begin{pmatrix} e^{\frac{J}{2}} & e^{-\frac{J}{2}} \\ e^{-\frac{J}{2}} & e^{\frac{J}{2}} \end{pmatrix}, \text{ et } J \text{ suffisamment grand.}$$

<u>L'arbre infini</u> : Construction : on part d'une origine O ; on obtient Λ_1 en construisant 3 branches partant de O. On obtient Λ_n, par récurrence, en construisant, à partir de chaque bout de Λ_{n-1}, 2 branches. On suppose que toutes les branches ainsi obtenues ne se coupent qu'à leurs extrêmités.

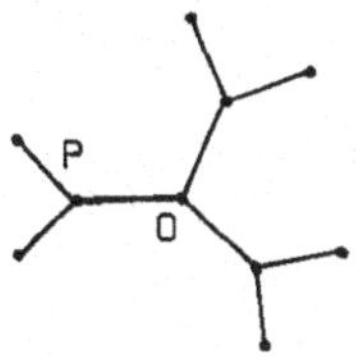

L'arbre infini est $\Lambda_\infty = \bigcup_n \Lambda_n$. Soit $\varphi : \partial\Lambda_n \to \{0, 1\}$, et soit

$$Q = \begin{pmatrix} a & 1-a \\ 1-a & a \end{pmatrix}, \quad \frac{1}{2} \leqslant a < 1.$$

On définit $\mu_{\Lambda_n}^{\varphi}$ sur $\Omega_n = \{0, 1\}^{\Lambda_n}$ suivant (7).

<u>Proposition</u>

Pour $\varphi \equiv 1$, $\lim_{n\to\infty} \mu_{\Lambda_n}^{\varphi} [\omega_0 = 1] \begin{cases} > \frac{1}{2} & \text{si } a > \frac{3}{4} \\ = \frac{1}{2} & \text{si } a \leqslant \frac{3}{4} \end{cases}$

Remarque : pour $a > \frac{3}{4}$ nous voyons que $\mathcal{G}_Q$ contient au moins deux éléments. En effet, en partant de $\varphi_n \equiv 0$, et de $\varphi_n \equiv 1$

$$\mu^{\circ} = \lim_{n_k \to \infty} \mu^{\circ}_{n_k} \quad \text{et} \quad \mu^1 = \lim_{n_m} \mu^1_{n_m}$$

sont différents (on a choisi des sous-suites pour assurer la convergence), car par symétrie

$$\mu^{\circ} \; [\omega_o = 0] = \mu^1 \; [\omega_o = 1], \quad \mu^{\circ} \; [\omega_o = 1] = \mu^1 \; [\omega_o = 0] \; .$$

Donc

$$\mu^1 \; [\omega_o = 1] \; > \frac{1}{2} \Longrightarrow \mu^{\circ} \; [\omega_o = 1] = 1 - \mu^1 \; [\omega_o = 1] < \frac{1}{2} \; .$$

Démonstration

Λ_n est formé de 3 grandes branches identiques de longueur n : soit B_n l'une d'elles.

Soit : $R_n \; (i, 1) = \sum_{\omega} \prod_{\substack{x,y \in \overline{B}_n \\ |x-y|=1}} Q \; (\bar{\omega}_x, \bar{\omega}_y)$ la sommation sur les $\omega \in \{0, 1\}^{B_n}$

tels que $\omega_o = i$ et $\bar{\omega} \equiv 1$,sur ∂B_n $i = 0, 1$

$$\mu^1_n \; [\omega_o = 1] = Z_n^{-1} \; R_n^3 \; (1,1) = \frac{R_n^3 \; (1, 1)}{R_n^3 \; (0,1) + R_n^3 \; (1,1)}$$

Posons : $X_n = R_n \; (0, 1)$, $Y_n = R_n \; (1, 1)$, $T_n = \frac{X_n}{Y_n}$

On peut obtenir B_{n+1} en collant en P, 2 branches B_n ayant même valeur en P, d'où

$$X_{n+1} = Q \; (0, 1) \; Y_n^2 + Q \; (0, 0) \; X_n^2$$

$$Y_{n+1} = Q \; (1, 1) \; Y_n^2 + Q \; (1, 0) \; X_n^2$$

$$\text{et } T_{n+1} = \frac{Q(0,1) + Q \; (0,0) \; T_n^2}{Q(1,1) + Q(1,0) \; T_n^2} = f(T_n) \text{ où } f(x) = \frac{a}{1-a} - \frac{2a-1}{(1-a)^2} \; \frac{1}{\frac{a}{1-a} + x^2}$$

Suivant les valeurs de a, f(x) a pour graphe :

$a \leqslant 3/4$

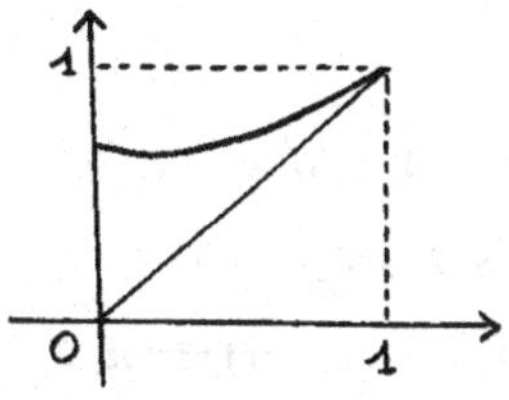

$a > 3/4$

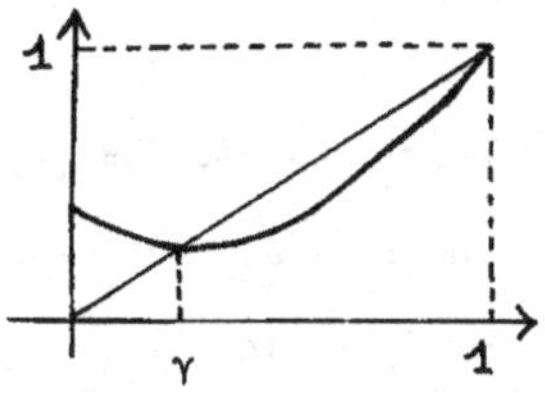

d'où pour $a \leqslant 3/4$ $\lim\limits_{n\to+\infty} T_n = 1$

pour $a > 3/4$ $\lim\limits_{n\to+\infty} T_n = \gamma < 1$

ainsi pour $a > 3/4$

$$\mu_n^1 \; [\omega_o = 1] = \frac{1}{1 + T_n^3} \to \frac{1}{1 + \gamma^3} > 1/2$$

Le Modèle d'Ising

C'est un modèle simple pour étudier la transition de phase dans un gaz ou pour le magnétisme. Il y a un grand nombre d'articles récents donnant un aperçu des progrès dans ce domaine [1, 2, 3] . Ce qui importe pour nous c'est que le modèle d'Ising en dimension $\nu \geqslant 1$ (cas symétrique ou à champ magnétique extérieur zéro) équivaut à l'étude de la classe $\mathcal{G}_Q$ de la définition 2, avec la matrice

$$\mathcal{G}_Q = \begin{pmatrix} e^{\frac{J}{2}} & e^{-\frac{J}{2}} \\ e^{-\frac{J}{2}} & e^{\frac{J}{2}} \end{pmatrix} , \; J \geqslant 0.$$

Si $\nu = 1$, le théorème 1 entraîne que $\mathcal{G}_Q$ contient un seul élément.

Pour $\nu = 2$ (et aussi pour $\nu \geqslant 2$ par des méthodes analogues) on a le résultat suivant.

Théorème 2 *(Dobrushin et Griffiths [4], [5])*

Si $\nu = 2$, et si J est suffisamment grand, $\mathcal{G}_Q$ contient plusieurs éléments différents.

Remarque : les travaux récents [2] ont montré que, pour $J \geqslant 0$, $\nu = 2$ $\mathcal{G}_Q$ contient un seul élément, si et seulement si $0 \leqslant J \leqslant J_c$, où $J_c = \log(\sqrt{2}+1)$ (racine de sh $J = 1$). Pour $\nu \geqslant 3$ la valeur critique J_c n'est pas connue.

Démonstration

Pour mettre mieux en évidence la symétrie de Q on va construire les mesures de $\mathcal{G}_Q$ sur l'espace $\Sigma = \{+1, -1\}^{\mathbb{Z}_2}$. Alors le produit de l'équation (7) devient :

$$\text{(9)} \qquad \mu_\Lambda^\varphi(\sigma) = Z_\Lambda^{-1}(\varphi) \prod_{\substack{\{x,y\}:x,y\in\bar\Lambda \\ |x-y|=1}} Q(\bar\sigma_x, \bar\sigma_y)$$

$$= Z_\Lambda^{-1}(\varphi) \exp\left[\frac{J}{2} \sum_{\substack{\{x,y\}:x,y\in\bar\Lambda \\ |x-y|=1}} \bar\sigma(x)\,\bar\sigma(y)\right], \quad \Lambda \subset \mathbb{Z}_2, \sigma \in \{+1,-1\}^\Lambda$$

Evidemment les densités μ_Λ^φ sont invariantes par rapport à la transformation $+ \to -$ et $- \to +$. Donc la démonstration sera achevée si on prend comme condition de frontière $\varphi \equiv 1$ sur $\partial\Lambda$, pour tout Λ (on notera $\mu_\Lambda^\varphi = \mu_\Lambda^+$), et si on montre que, pour tout $\varepsilon > 0$

$$\text{(10)} \qquad \limsup_{\Lambda \nearrow \mathbb{Z}_2} \mu_\Lambda^+ [\sigma(x) = -1] \leqslant \varepsilon \qquad , \text{pour tout } x \in \mathbb{Z}_2 ,$$

si J est suffisamment grand.

Pour tout $\sigma \in \{+1, -1\}^\Lambda$ (dite configuration dans Λ) on définit le contour de σ comme la ligne brisée fermée qu'on obtient en séparant par des segments médians les points voisins x, y de $\bar{\Lambda}$ pour lesquels $\sigma_x \neq \sigma_y$.

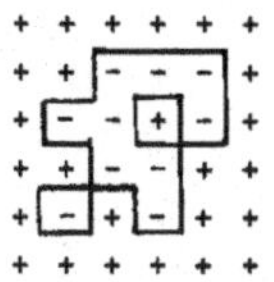

La longueur du contour sera $|\sigma|$. Dans l'exemple ci-contre $|\sigma|$ = 24.

La formule (9) peut s'écrire

(10) $\mu_\Lambda^+(\sigma) = \tilde{Z}_\Lambda^+ \; e^{-|\sigma|J}$,

où $\tilde{Z}_\Lambda^+$ est une constante de normalisation. Donc les configurations σ les plus probables ont les contours les plus courts. Pour expliciter cette idée on regarde les <u>boucles</u> d'un contour, c'est-à-dire les différentes courbes simples fermées qui sont présentes dans un contour. Dans l'exemple ci-dessus on a 3 boucles, de longueur 4, 4 et 16. Si β est une boucle, et σ une configuration, soit

$$I_\beta(\sigma) = \begin{cases} 1 \text{ si la boucle } \beta \text{ est présente dans le contour de } \sigma \\ 0 \text{ sinon} \end{cases}$$

La longueur d'une boucle β sera dénotée $|\beta|$. Soit $E_\Lambda^+[.]$ l'espérance par rapport à μ_Λ^+ .

<u>Lemme de Peierls</u>

Soit β une boucle, et $|\beta|$ = b. Alors

$E_\Lambda^+(I_\beta) \leqslant e^{-Jb}$, indépendamment de Λ .

Pour la démonstration on fixe β . Pour chaque configuration σ dont le contour contient β , soit σ^* la configuration modifiée telle que

$$\sigma^*_x = \begin{cases} \sigma_x & \text{si } x \text{ est à l'extérieur de } \beta \\ -\sigma_x & \text{si } x \text{ est à l'intérieur de } \beta \end{cases}$$

Il est clair que $|\sigma^*| = |\sigma| - b$. Maintenant soit $\Sigma_\beta = \{\sigma$: le contour de σ contient $\beta\}$. On trouve

$$E^+_\Lambda \; [I_\beta] = \frac{\sum_{\sigma \in \Sigma_\beta} e^{-J|\sigma|}}{\sum_{\sigma \in \Sigma} e^{-J|\sigma|}} = e^{-Jb} \frac{\sum_{\sigma \in \Sigma_\beta} e^{-J|\sigma^*|}}{\sum_{\sigma \in \Sigma} e^{-J|\sigma|}} \leq e^{-Jb}$$

La dernière inégalité est due au fait que chaque terme du numérateur est présent dans le dénominateur.

Maintenant on trouve, pour Λ suffisamment grand pour que $x \in \Lambda$, que $\mu^+_\Lambda \; [\sigma(x)=-1]$

$= \mu^+_\Lambda \; [\;\exists$ une boucle β dans le contour de σ , avec x à l'intérieur$]$

$\leq \sum_{b=4}^{\infty} \mu^+_\Lambda \; [\;\exists$ une boucle β, avec $|\beta| = b$, avec x à l'intérieur $]$

$\leq \sum_{b=4}^{\infty} e^{-bJ} \; N_b$,

où N_b est le nombre de boucles de longueur $|\beta| = b$, ayant x à l'intérieur. Une telle boucle se trouve dans un carré de côté b, d'où $N_b \leq b^2 \; 3^b$. Donc

$$\mu^+_\Lambda \; [\sigma\,(x) = -1] < \sum_{b=4}^{\infty} b^2\,(3\,e^{-J})^b = f\,(J).$$

et comme $f\,(J) \to 0$ quand $J \to \infty$, la démonstration de (10) est achevée.

<u>Remarque</u> : un calcul profond et remarquable de L. Onsager [6] (dont les détails n'ont été complètement justifiés que récemment [31]) donne le résultat

$$\lim_{\Lambda \uparrow \mathbb{Z}_2} \mu^+_\Lambda \; [\sigma\,(x) = +1] = \frac{1}{2} + \begin{cases} \left[1 - \frac{1}{(\text{sh } J)^4}\right]^{1/8} & \text{si sh } J \geq 1 \\ 0 & \text{si sh } J \leq 1. \end{cases}$$

C'est la célèbre formule pour la magnétisation spontanée.

CHAPITRE II

ETATS DE MARKOV ET DE GIBBS FINIS

Λ est un graphe fini sans direction et sans boucles et $\Omega = 2^{\Lambda}$.

On note : $x \sim y$ si $x = y$ ou x et y voisins

$$\partial x = \{y \in \Lambda \ : y \sim x \text{ et } y \neq x\}$$

$$\sum = \{S \subset \Lambda \ : S \neq \emptyset \text{ et } \forall (x, y) \in S \times S \quad x \sim y\}$$

Les éléments de $\sum$ s'appellent les simplexes du graphe Λ .

Définition 1

Une densité de probabilité μ sur Ω est un état de Markov si et seulement si

(i) $\forall A \in \Omega$, $\mu(A) > 0$

(ii) $\forall A \in \Omega$, $\forall x \in \Lambda \setminus A$ $\dfrac{\mu[A \cup \{x\}]}{\mu(A)} = \dfrac{\mu[(A \cap \partial x) \cup \{x\}]}{\mu(A \cap \partial x)}$

Remarque : $\dfrac{\mu(A \cup \{x\})}{\mu(A \cup \{x\}) + \mu(A)} = \dfrac{1}{1 + \dfrac{\mu(A)}{\mu(A \cup \{x\})}}$ ne dépend que de $A \cap \partial x$ d'après (ii) pour $x \in \Lambda \setminus A$; (ii) exprime donc que la probabilité que le point x soit occupé, sachant l'état d'occupation de $\Lambda \setminus \{x\}$, ne dépend que de l'occupation des voisins de x.

On appelle potentiel de Grimmett une application V de $\sum$ dans $\mathbb{R}$.

Définition 2

Une densité de probabilité μ sur Ω est un <u>état de Gibbs</u> si et seulement s'il existe un potentiel de Grimmett V tel que :

$$\mu(A) = Z^{-1} \exp \sum_{\substack{B \subset A \\ B \in \Sigma}} V(B) \qquad \forall A \in 2^{\Lambda} \quad (Z^{-1} = \mu(\emptyset)) .$$

On a alors le :

Théorème [7]

La densité μ est un état de Markov si et seulement si c'est un état de Gibbs et le potentiel de Grimmett V est déterminé de manière unique :

$$V(A) = \sum_{B \subset A} (-1)^{|A \setminus B|} \operatorname{Log} \mu(B) \quad , \qquad A \in \Sigma .$$

Démonstration

Elle est basée sur une formule combinatoire de Moebius : si Λ est un ensemble fini quelconque et f et g deux applications de 2^{Λ} dans $\mathbb{R}$

$$g(A) = \sum_{B \subset A} f(B) , \forall A \in 2^{\Lambda} \iff f(A) = \sum_{B \subset A} (-1)^{|A \setminus B|} g(B) , \forall A \in 2^{\Lambda} .$$

1°) Soit μ un état de Markov sur Ω , définissons, pour tout $A \in \Omega$, V (A) par :

$$V(A) = \sum_{B \subset A} (-1)^{(A \setminus B)} \operatorname{Log} \mu(B)$$

Si $A \neq \emptyset$ n'est pas un simplexe, V (A) = 0 ; en effet il existe dans A deux points x et y distincts et non voisins et, en remarquant que tout $B \subset A$ est de l'une des formes C, $C \cup \{x\}$, $C \cup \{y\}$ ou $C \cup \{x, y\}$ avec $C \subset A \setminus \{x,y\}$, il vient :

$$V(A) = \sum_{C \subset A \setminus \{x,y\}} (-1)^{(A \setminus C)} \operatorname{Log} \frac{\mu(C)\, \mu(C \cup \{x,y\})}{\mu(C \cup \{x\})\, \mu(C \cup \{y\})} = 0$$

puisque d'après (ii) l'argument du logarithme vaut 1 pour tout $C \subset A \setminus \{x,y\}$.

Alors par l'inversion de Moebius :

$$\text{Log } \mu(A) = \sum_{B \subset A} V(B) = V(\emptyset) + \sum_{\substack{B \subset A \\ B \in \Sigma}} V(B)$$

si bien que $\mu(A) = \mu(\emptyset) \exp \sum_{\substack{B \subset A \\ B \in \Sigma}} V(B), \forall A \in \Omega$; μ est un état de Gibbs admettant comme potentiel la restriction de V à Σ.

L'unicité du potentiel de Grimmettd'un état de Gibbs découle de la formule de Moebius (on peut définir V et V' sur Ω tout entier en posant $V'(B) = V(B)$ si $B \notin \Sigma$)

2°) Inversement soit μ un état de Gibbs de potentiel V,montrons que c'est un état de Markov. La condition (i) est trivialement vérifiée.

D'autre part : $$\frac{\mu(A \cup \{x\})}{\mu(A)} = \exp\left[\sum_{\substack{S \in \Sigma \\ S \subset A \cup \{x\}}} V(S) - \sum_{\substack{S \in \Sigma \\ S \subset A}} V(S)\right]$$

donc $$\frac{\mu(A \cup \{x\})}{\mu(A)} = \exp \sum_{\substack{S \in \Sigma \\ x \in S \\ S \subset A \cup \{x\}}} V(S)$$ ne dépend que de $A \cap \partial x$ car un simplexe contenant x ne peut contenir aucun point hors de ∂x.

CHAPITRE III

LES ETATS DE MARKOV ET DE GIBBS SUR $\mathbb{Z}_\nu$

Dans ce chapitre nous allons montrer l'équivalence entre les états de Markov (la généralisation multidimensionnelle des processus stationnaires de Markov) et les états de Gibbs locaux (l'analogue des états de Gibbs définis au chapitre précédent). Dans un premier temps nous donnerons les définitions nécessaires et nous prouverons un lemme technique, tout en énonçant les trois théorèmes principaux. Ensuite nous ferons la démonstration de ces théorèmes.

Notation

Soit $(\Omega, \mathfrak{F})$ l'espace défini par $\Omega = \{0, 1\}^{\mathbb{Z}_\nu}$ et $\mathfrak{F}$ la tribu engendrée par les cylindres finis.

Définition 1. [8]

Une mesure de probabilité μ sur $(\Omega, \mathfrak{F})$ est un état de Markov $(\mu \in \mathfrak{M}_\nu)$ si

a) $\mu(C) > 0$ pour tout C cylindre fini,

b) $\mu\,[\omega(x) = 1 \mid \omega(y) = f(y),\ y \in A]$

$= \mu\,[\omega(x) = 1 \mid \omega(y) = f(y),\ y \in A \cap \partial x]$,

pour tout ensemble fini A contenu dans $\mathbb{Z}_\nu$ tel que $\partial x \subset A$ et $x \notin A$, et pour toute fonction $f : A \to \{0, 1\}$.

c) Pour tout $a \in \mathbb{Z}_\nu$

$\mu\,[\omega(x + a) = 1 \mid \omega(y + a) = f(y),\ y \in x]$

$= \mu\,[\omega(x) = 1 \mid \omega(y) = f(y),\ y \in \partial x]$.

Théorème 1

Lorsque $\nu = 1$ *les états de Markov sont exactement les processus stationnaires de Markov ; c'est-à-dire que* $\mathcal{M} = \mathcal{M}_1$ *(voir chapitre I, définition 1 pour la définition de* $\mathcal{M}$ *).*

Remarque : Ce résultat justifie notre description des états de Markov comme une généralisation multidimensionnelle des processus stationnaires de Markov.

Définition 2

Une application $U : \mathbb{Z}_\nu \times \mathbb{Z}_\nu \to \mathbb{R}$ est dite un potentiel local si

a) $U(x, y) = 0$ si $|x - y| > 1$

b) $U(x, x) = U(y, y)$ pour tout $x, y \in \mathbb{Z}_\nu$

c) $U(x, y) = U(y, x)$ pour tout $x, y \in \mathbb{Z}_\nu$

d) $U(x + a, y + a) = U(x, y)$ pour tout $x, y, a \in \mathbb{Z}_\nu$.

Nous noterons par u_0 la valeur commune des $U(x, x)$.

Notation

Si B et A sont des sous-ensembles finis de $\mathbb{Z}_\nu$ on écrit

$$U(A, B) = \sum_{x \in A} \sum_{y \in B} U(x, y)$$

et

$$U(A) = U(A, A).$$

Définition 3

Soient U un potentiel local et $\Lambda \subset \mathbb{Z}_\nu$ un ensemble fini. Si $Y \subset \partial\Lambda$, l'état de Gibbs fini Π_Λ^Y sur Λ avec potentiel U et à valeurs de frontière Y est la mesure de probabilité discrète sur $\mathcal{P}(\Lambda)$ $(= 2^\Lambda)$ dont la probabilité en un point est

$$\Pi_\Lambda^Y (A) = Z_\Lambda^{-1} (Y) \exp \left[- \frac{1}{2} U (A \cup Y)\right] \text{ pour tout } A \in P (\Lambda)$$

où

$$Z_\Lambda (Y) = \sum_{B \subset \Lambda} \exp \left[- \frac{1}{2} U (B \cup Y)\right]$$

Remarque : $\Pi_\Lambda^Y (A)$ est interprétée comme la probabilité que la partie occupée de Λ soit exactement A, étant donné que la partie occupée de $\partial\Lambda$ est Y.

Nous démontrons maintenant un lemme technique qui fait voir la relation entre des états de Gibbs finis ayant le même potentiel. Ce résultat nous sera utile dans la démonstration du théorème 2.

Notation

Si μ est une mesure de probabilité sur $(\Omega, \mathcal{F})$ et si $A \subset \Lambda$ où Λ est un sous-ensemble fini de $\mathbb{Z}_\nu$

$$\mu_\Lambda (A) = \mu \{\omega : \omega (x) = 1, x \in A ; \omega (x) = 0, x \in \Lambda \setminus A\}.$$

Lemme

Soient Λ et Λ' deux ensembles finis (dans $\mathbb{Z}_\nu$) tels que $\Lambda \subset \Lambda'$. Si $Y' \subset \partial \Lambda'$ nous avons la relation suivante :

$$(1) \qquad \sum_{B \subset \Lambda' \setminus \Lambda} \Pi_{\Lambda'}^{Y'} (A \cup B) = \sum_{\substack{Y \subset \partial\Lambda \\ Y', Y \text{ compatibles}}} \alpha_{Y'} (Y) \, \Pi_\Lambda^Y (A) \quad \text{pour tout } A \subset \Lambda,$$

où

$$\alpha_{Y'} (Y) = \sum_{C \subset \Lambda' \setminus (\partial \Lambda \cap \Lambda')} \Pi_\Lambda^{Y'} (C \cup \tilde{Y}) \quad \text{où } \tilde{Y} = Y \cap \Lambda'.$$

On dit que Y' et Y sont compatibles si $Y \cap \partial \Lambda' = Y' \cap \partial \Lambda$.

Remarque. Si $\Lambda' \supset \bar{\Lambda}$ la relation devient

$$\sum_{B \subset \Lambda' \setminus \Lambda} \pi_{\Lambda'}^{Y'} (A \cup B) = \sum_{Y \subset \partial\Lambda} \alpha_{Y'}(Y)\, \pi_{\Lambda}^{Y} (A)$$

où

$$\alpha_{Y'}(Y) = \sum_{C \subset \Lambda' \setminus \partial\Lambda} \pi_{\Lambda'}^{Y'} (C \cup Y).$$

Démonstration

Si l'on admet au départ que $\partial\Lambda'$ est occupé en Y', le coefficient $\alpha_{Y'}(Y)$ est la probabilité que $\partial\Lambda$ soit occupé en Y, et le membre de gauche de la relation (1) est la probabilité que Λ soit occupé en A. Par conséquent, il suffit de montrer que $\pi_{\Lambda}^{Y}(A)$ est la probabilité conditionnelle que Λ soit occupé en A, étant donné que $\partial\Lambda$ est occupé en Y, où Y et Y' sont compatibles. Si l'on écrit $\tilde{Y}' = Y' \setminus (Y \cap Y')$, nous avons que

$$\frac{\text{Prob}\,\{A, Y \text{ et } Y' \text{ soient les parties occupées de } \Lambda,\ \partial\Lambda \text{ et } \partial\Lambda' \text{ resp.}\}}{\text{Prob}\,\{Y \text{ et } Y' \text{ soient les parties occupées de } \partial\Lambda \text{ et } \partial\Lambda' \text{ resp.}\}}$$

$$= \frac{\sum_{C \subset \Lambda' \setminus (\bar{\Lambda} \cap \Lambda')} \pi_{\Lambda'}^{Y'} (A \cup \tilde{Y} \cup C)}{\sum_{C \subset \Lambda' \setminus (\bar{\Lambda} \cap \Lambda')} \sum_{B \subset \Lambda} \pi_{\Lambda'}^{Y'} (B \cup \tilde{Y} \cup C)}$$

$$= \frac{Z_{\Lambda'}^{-1}(Y')}{Z_{\Lambda'}^{-1}(Y')} \; \frac{\sum_{C} \exp\left(-\frac{1}{2} U (A \cup Y \cup C \cup \tilde{Y}')\right)}{\sum_{C} \sum_{B} \exp\left(-\frac{1}{2} U (B \cup Y \cup C \cup \tilde{Y}')\right)}$$

car $Y \cup \tilde{Y}' = \tilde{Y} \cup Y'$. Puisque $U(B \cup Y \cup C \cup \tilde{Y}') = U(B \cup Y) + U(Y \cup C \cup \tilde{Y}') - U(Y)$ pour tout B dans Λ (B et $C \cup \tilde{Y}'$ étant trop éloignés l'un de l'autre pour pouvoir réagir l'un sur l'autre) ce dernier quotient devient

$$\frac{\left[\sum_{C} \exp\left(-\frac{1}{2} U (Y \cup C \cup Y') + \frac{1}{2} U (Y)\right)\right] \exp\left(-\frac{1}{2} U (A \cup Y)\right)}{\left[\sum_{C} \exp\left(-\frac{1}{2} U (Y \cup C \cup \tilde{Y}') + \frac{1}{2} U (Y)\right)\right] \sum_{B \subset \Lambda} \exp\left(-\frac{1}{2} U (B \cup Y)\right)}$$

$$= \frac{\exp\left(-\frac{1}{2} U (A \cup Y)\right)}{Z_\Lambda (Y)} = \Pi_\Lambda^Y (A)$$

et la démonstration est complète.

Maintenant nous abordons la méthode B (méthode des probabilités conditionnelles) pour définir les états de Gibbs. Cette méthode est l'invention de Dobrushin [9] et de Lenford et Ruelle [10]. La définition 4 va remplacer la définition 2 du chapitre I.

Définition 4

Si U est un potentiel local sur $\mathbb{Z}_\nu$, une mesure de probabilité μ sur $(\Omega, \mathfrak{J})$ est un état de Gibbs local à potentiel U ($\mu \in \mathcal{G}_U$) si

a) $\mu_\Lambda (A) > 0$ pour tout $A \subset \Lambda \subset Z_\nu$, Λ fini,

et

b) $\dfrac{\mu_{\bar{\Lambda}}(A \cup Y)}{\mu_{\partial\Lambda} (Y)} = \Pi_\Lambda^Y (A)$ pour tout $A \subset \Lambda$, $Y \subset \partial\Lambda$, Λ fini, si

$\bar{\Lambda} = \Lambda \cup \partial\Lambda$

Théorème 2

Pour tout potentiel local U, $\mathcal{G}_U$ *est*

i) exactement l'ensemble (non vide) des limites de la forme (par rapport à la topologie vague) :

$$\lim_n \sum_{Y \subset \partial \Lambda_n} C_n (Y) \, \Pi_{\Lambda_n}^Y (.),$$

où les Λ_n *croissent vers* $\mathbb{Z}_\nu$ *et où* $C_n (Y) \geq 0$ *pour tout n et tout* $Y \subset \partial\Lambda_n$, *avec* $\sum_{Y \subset \partial\Lambda_n} C_n (Y) = 1.$

ii) convexe

et

iii) compact (dans la topologie vague).

Théorème 3

i) Si U et U' sont des potentiels locaux distincts sur $\mathbb{Z}_\nu$

$$\mathcal{G}_U \cap \mathcal{G}_{U'} = \emptyset$$

ii) $\mathcal{M}_\nu = \bigcup_U \mathcal{G}_U$.

Démonstration des théorèmes

Nous allons démontrer les théorèmes dans l'ordre suivant : 2, 3, et 1.

Démonstration (Théorème 2)

Considérons une suite $\{V_n\}$ de sous-ensembles finis de $\mathbb{Z}_\nu$ telle que $V_n \uparrow \mathbb{Z}_\nu$. Pour chaque n, et chaque choix de $Y \subset \partial V_n$ nous pouvons regarder l'état de Gibbs fini $\Pi_n^Y(.) = \Pi_{V_n}^Y(.)$ comme une mesure de probabilité sur $(\Omega, \mathfrak{F})$; si $A \subset \Lambda$, ensemble fini de $\mathbb{Z}_\nu$,

$$\Pi_n^Y(E_{\Lambda,A}) = \sum_{B \subset V_n \setminus \Lambda} \Pi_n^Y(A \cup B) \quad \text{si} \quad \Lambda \subset V_n$$

$$= 0 \qquad\qquad \text{sinon.}$$

où $E_{\Lambda,A} = \{\omega \in \Omega \ : \omega(x) = 1,\ x \in A \ ;\ \omega(x) = 0,\ x \in \Lambda \setminus A\}$.

$(\Omega, \mathfrak{F})$ pouvant s'interpréter comme étant $([0,1]^{\mathbb{Z}_\nu}, \mathfrak{B})$, toute suite de mesures bornées possède une sous-suite convergeant vaguement. Par conséquent l'ensemble des limites vagues des combinaisons convexes des états de Gibbs finis est non vide.

Soit μ une telle limite vague, c'est-à-dire :

$$\mu\,(E_{\Lambda,A}) = \lim_n \sum_{Y \subset \partial V_n} C_n\,(Y)\,\Pi_n^Y\,(E_{\Lambda,A})$$

où $E_{\Lambda,A}$ est un cylindre fini et $\sum_{Y \subset \partial V_n} C_n\,(Y) = 1$, avec $C_n\,(Y) \geqslant 0$. Il faut montrer que $\mu \in \mathcal{G}_U$. Supposons que $\mu\,(E_{\Lambda,A}) > 0$ pour tout Λ , A et prenons $\Lambda \subset Z_\nu$ fini, $A \subset \Lambda$, et $B \subset \partial\Lambda$. Si n est suffisamment grand pour que $\overline{\Lambda} \subset V_n$, nous avons, selon le lemme précédent, que

$$\Pi_n^Y\,(E_{\overline{\Lambda},A\cup B}) = \sum_{Y' \subset \partial\overline{\Lambda}} C_n'\,(Y')\,\Pi_{\overline{\Lambda}}^{Y'}\,(E_{\overline{\Lambda},A\cup B}),$$

$$\Pi_n^Y\,(E_{\partial\Lambda,B}) = \sum_{Y' \subset \partial\overline{\Lambda}} C_n'\,(Y')\,\Pi_{\overline{\Lambda}}^{Y'}\,(E_{\partial\Lambda,B}).$$

Une autre application du lemme montre que

$$\Pi_{\overline{\Lambda}}^{Y'}\,(E_{\overline{\Lambda},A\cup B}) = \Pi_\Lambda^B\,(A)\quad \Pi_{\overline{\Lambda}}^{Y'}\,(E_{\partial\Lambda,B})$$

pour tout $Y' \subset \partial\overline{\Lambda}$. Il s'ensuit que

$$\frac{\mu_{\overline{\Lambda}}\,(A\cup B)}{\mu_{\partial\Lambda}\,(B)} = \frac{\mu\,(E_{\overline{\Lambda},A\cup B})}{\mu\,(E_{\partial\Lambda,B})} = \Pi_\Lambda^B\,(A),\ A \subset \Lambda\ ,\ B \subset \partial\Lambda\ .$$

Il suffit donc de montrer que $\mu\,(E_{\Lambda,A}) = \mu_\Lambda(A) > 0$ pour tout couple Λ,A, ou de montrer qu'il existe un $M > 0$ tel que pour chaque n et pour chaque $Y \subset \partial V_n$: $M < \Pi_n^Y\,(E_{\Lambda,A})$. Selon le lemme $\Pi_n^Y\,(E_{\Lambda,A})$ est une combinaison convexe de la forme

$$\sum_{B \subset \partial\Lambda} \alpha_n\,(B)\,\Pi_\Lambda^B\,(A) \geqslant M = \min_{B \subset \partial\Lambda} \Pi_\Lambda^B\,(A) > 0,$$

et il s'ensuit que μ_Λ (A) est positive; par conséquent $\mathcal{G}_U$ contient toutes les limites vagues de mesures de la forme

$$\sum_{Y \subset V} C(Y)\ \Pi_V^Y(.).$$

D'autre part, si $\mu \in \mathcal{G}_U$, pour tout $A \subset \Lambda$ et $Y \subset \partial\Lambda$

$$\mu_{\bar{\Lambda}}(A \cup Y) = \mu_{\partial\Lambda}(Y)\ \Pi_\Lambda^Y(A),$$

d'où

$$\mu\ (E_{\Lambda,A}) = \sum_{Y \subset \partial\Lambda} \mu_{\partial\Lambda}(Y)\ \Pi_\Lambda^Y(A).$$

En utilisant le lemme démontré précédemment, nous savons que, si $V \supset \bar{\Lambda}$ et si $C(Y) = \mu_{\partial V}(Y)$ pour $Y \subset \partial V$,

$$\sum_{Y \subset \partial V} C(Y)\ \Pi_V^Y(E_{\Lambda,A}) = \sum_{Y \subset \partial V} \mu_{\partial V}(Y) \sum_{B \subset V \setminus \Lambda} \Pi_V^Y(B \cup A)$$

$$= \sum_{Y \subset \partial V} \mu_{\partial V}(Y) \left(\sum_{Y' \subset \partial\Lambda} \alpha_{Y'}(Y)\ \Pi_\Lambda^{Y'}(A) \right)$$

$$= \sum_{Y' \subset \partial\Lambda} \left[\sum_{Y \subset \partial V} \mu_{\partial V}(Y)\ \alpha_{Y'}(Y) \right] \Pi_\Lambda^{Y'}(A)$$

$$= \sum_{Y' \subset \partial\Lambda} \mu_{\partial\Lambda}(Y')\ \Pi_\Lambda^{Y'}(A)$$

$$= \mu\ (E_{\Lambda,A}).$$

Il s'ensuit que toute $\mu \in \mathcal{G}_U$ est de la forme voulue.

$\mathcal{G}_U$ est convexe : si $\mu, \mu' \in \mathcal{G}_U$ et si $\lambda \in (0, 1)$ il est très facile de voir que $\lambda\mu + (1 - \lambda)\mu'$ est positive et que

$$(\lambda\mu + (1-\lambda)\mu')_{\bar{\Lambda}}(A \cup Y) = (\lambda\mu + (1-\lambda)\mu')_{\partial\Lambda}(Y)\ \Pi_\Lambda^Y(A)$$

pour tout $A \subset \Lambda$, $Y \subset \partial\Lambda$.

Enfin $\mathcal{G}_U$ est compact ; si $\{\mu_\tau\}_{\tau \in T}$ est un ensemble filtrant à droite dans $\mathcal{G}_U$ qui converge dans la topologie vague vers μ, mesure de probabilité, et si Λ, A sont donnés, $\mu_\tau\ (E_{\Lambda,A}) \geq \frac{M_A}{M} > 0$ pour tout $\tau \in T$ (car μ_τ est la limite de mesures avec cette propriété). Par conséquent, μ est aussi positive sur chaque cylindre fini $E_{\Lambda,A}$.

D'autre part, pour chaque $\tau \in T$, μ_τ satisfait à

$$\frac{\mu_\tau\ (E_{\Lambda, A \cup Y})}{\mu_\tau\ (E_{\partial\Lambda, Y})} = \Pi_\Lambda^Y\ (A) \quad \text{pour tout } A,\ Y, \text{ et } \Lambda$$

d'où nous avons que

$$\frac{\mu\ (E_{\Lambda, A \cup Y})}{\mu\ (E_{\partial\Lambda, Y})} = \Pi_\Lambda^Y\ (A),$$

et nous voyons que $\mu \in \mathcal{G}_U$. C.Q.F.D.

Démonstration (Théorème 3)

i) Supposons que $\mu \in \mathcal{G}_U \cap \mathcal{G}_{U'}$ pour deux potentiels locaux U, U'. Nous allons montrer que U = U'. Prenons d'abord un ensemble $\Lambda \subset \mathbb{Z}_\nu$, fini, et posons $Y = \emptyset$ $A = \emptyset$.

$$Z^{-1}_{\Lambda,U}(\emptyset) = \Pi^{\emptyset}_{\Lambda,U}(\emptyset) = \frac{\mu_{\overline{\Lambda}}(\emptyset)}{\mu_{\partial\Lambda}(\emptyset)} = \Pi^{\emptyset}_{\Lambda,U'}(\emptyset) = Z^{-1}_{\Lambda,U'}(\emptyset)$$

Maintenant si $A = \{x\} \subset \Lambda$,

$$Z^{-1}_{\Lambda,U}(\emptyset) \exp\left(-\frac{1}{2} U(x,x)\right) = \frac{\mu_{\overline{\Lambda}}(\{x\})}{\mu_{\partial\Lambda}(\emptyset)} = Z^{-1}_{\Lambda,U'}(\emptyset) \exp\left(-\frac{1}{2} U'(x,x)\right)$$

d'où $u_0 = U(x,x) = U'(x,x) = u_0'$. Si $A = \{x,y\}$ où $|x-y| = 1$, choisissons $\Lambda \supset \{x, y\}$. Alors

$$\exp(-u_0 - U(x, y)) = \exp(-u_0' - U'(x, y))$$

d'où

$$U(x, y) = U'(x, y) ;$$

Il s'ensuit que U = U'.

ii) Supposons que $\mu \in \mathcal{G}_U$ pour un potentiel local U. Choisissons $\Lambda \subset \mathbb{Z}_\nu$ fini et $Y \subset \partial\Lambda$. $\mu_{\Lambda,Y}(.) = \dfrac{\mu_{\overline{\Lambda}}(Y \cup .)}{\mu_{\partial\Lambda}(Y)}$ est un état de Gibbs (au sens du chapitre II) sur 2^Λ avec potentiel V :

$$V(\{x\}) = -\frac{1}{2} u_0 - \sum_{y \in Y} U(x, y)$$

$$V(\{x,y\}) = -U(x, y).$$

Alors $\mu_{\Lambda,Y}$ est un état de Markov sur 2^Λ (d'après Grimmett). Prenons x, Λ tels que $\partial x \subset \Lambda$ ensemble fini, et $x \notin \Lambda$. Utilisons la notation $E_{\Lambda,A} = \{\omega \in \Omega : \omega(y) = 1, y \in A ; \omega(y) = 0, y \in \Lambda \setminus A\}$. Si nous démontrons que, pour tout $A \subset \Lambda$, $\mu\{\omega(x) = 1 \mid E_{\Lambda,A}\} = \mu\{\omega(x) = 1 | E_{\Lambda,A\cap\partial x}\}$ nous pourrons en conclure que $\mu\{\omega(x) = 1 \mid E_{\Lambda,A}\} = \mu\{\omega(x) = 1 | E_{\partial x,A\cap\partial x}\}$ en vertu d'égalités sur des probabilités conditionnelles. Or en utilisant la propriété markovienne de $\mu_{\Lambda,Y}$, nous avons

$$\mu\left\{\omega(x)=1 \mid E_{\Lambda,A}\right\} = \sum_{Y\subset\partial\Lambda} \mu\left\{\omega(x)=1 \mid E_{\Lambda,A\cup Y}\right\}\ \mu\left(E_{\partial\Lambda,Y}\right)$$

$$= \sum_{Y} \mu\left(E_{\partial\Lambda,Y}\right) \left[\frac{\mu_{\Lambda,Y}(A\cup\{x\})}{\mu_{\Lambda,Y}(A\cup\{x\}) + \mu_{\Lambda,Y}(A)}\right]$$

$$= \sum_{Y} \mu\left(E_{\partial\Lambda,Y}\right) \left[\frac{\mu_{\Lambda,Y}((A\cap\partial x)\cup\{x\})}{\mu_{\Lambda,Y}((A\cap\partial x)\cup\{x\}) + \mu_{\Lambda,Y}(A\cap\partial x)}\right]$$

$$= \mu\left\{\omega(x)=1 \mid E_{\Lambda,A\cap\partial x}\right\} .$$

La probabilité conditionnelle $\mu\left\{\omega(x)=1 \mid E_{\partial x,A\cap\partial x}\right\}$ est invariante par translation, car U l'est, et par conséquent $\mu_{\Lambda,Y}$ aussi. Puisque la condition de positivité pour un état de Gibbs est la même que celle d'un état de Markov, il s'ensuit que $\mu\in\mathfrak{M}_\nu$.

Maintenant supposons que $\mu\in\mathfrak{M}_\nu$. Pour tout ensemble fini $\Lambda\subset\mathbb{Z}_\nu$ et $Y\subset\partial\Lambda$, la mesure

$$\nu_\Lambda^Y(A) = \mu\left\{E_{\Lambda,A} \mid E_{\partial\Lambda,Y}\right\}$$

est un état de Markov fini sur 2^Λ. (Il suffit de voir que

$$\frac{\nu_\Lambda^Y(A\cup\{x\})}{\nu_\Lambda^Y(A)+\nu_\Lambda^Y(A\cup\{x\})} = \frac{\nu_\Lambda^Y((A\cap\partial x)\cup\{x\})}{\nu_\Lambda^Y(A\cap\partial x)+\nu_\Lambda^Y((A\cap\partial x)\cup\{x\})}$$

en vertu de la propriété markovienne de μ).

En appliquant le théorème de Grimmett à ν_Λ^Y , nous voyons que c'est un état de Gibbs fini sur 2^Λ et que $\nu_\Lambda^Y(A) = \nu_\Lambda^Y(\emptyset)\exp\left(\sum_{\substack{B\in\Sigma\\ B\subset A}} V_\Lambda^Y(B)\right)$, où σ est l'ensemble des simplexes de Λ et où V_Λ^Y est le potentiel donné par $V_\Lambda^Y(A) = \sum_{B\subset A} (-1)^{|A\setminus B|} \log \nu_\Lambda^Y(B)$ pour $A\in\Sigma$. Les seuls simplexes de

Λ sont les singletons et les couples $\{x, y\}$ où $|x - y| = 1$. Pour le moment nous supposons que $Y = \phi$, et écrivons $\nu_\Lambda^\phi = \nu_\Lambda$, $V_\Lambda^\phi = V_\Lambda$, $\{x\} = x$, $\{x\} \cup \{y\} = x \cup y$.

La formule de Grimett donne

$$V_\Lambda(x) = \log \frac{\nu_\Lambda(x)}{\nu_\Lambda(\phi)}, \quad x \in \Lambda$$

$$V_\Lambda(x \cup y) = \log \frac{\nu_\Lambda(x \cup y)\, \nu_\Lambda(\phi)}{\nu_\Lambda(x)\, \nu_\Lambda(y)}, \quad |x - y| = 1, \quad x, y \in \Lambda .$$

On voit facilement que le potentiel V_Λ est déterminé par les probabilités conditionnelles de μ, i.e.,

$$\mu\left[\omega_x = 1 \mid \omega = 0 \text{ sur } \partial x\right] = \frac{\nu_\Lambda(x)}{\nu_\Lambda(\phi) + \nu_\Lambda(x)} = \frac{1}{1 + \left(\frac{\nu_\Lambda(x)}{\nu_\Lambda(\phi)}\right)^{-1}} = \frac{1}{1 + \exp\left[-V_\Lambda(x)\right]}$$

$$\mu\left[\omega_x = 1 \;\middle|\; \begin{matrix}\omega_y = 1 \\ \omega = 0 \text{ sur } \partial x \backslash y\end{matrix}\right] = \frac{\nu_\Lambda(x \cup y)}{\nu_\Lambda(x \cup y) + \nu_\Lambda(x)} = \frac{1}{1 + \exp\left[-V_\Lambda(x \cup y) - V_\Lambda(y)\right]} .$$

Mais $\mu \in \mathfrak{M}_\nu$ et Def. 1, (c), entraîne que les probabilités conditionnelles sont invariantes par translation. Donc le potentiel V_Λ est invariant et indépendant de Λ. Cela nous permet de définir le potentiel local

$$U(x, x) = -2 V_\Lambda(x), \quad x \in \mathbb{Z}_\nu$$

$$U(x, y) = -V_\Lambda(x, y), \quad |x - y| = 1, \quad x, y \in \mathbb{Z}_\nu$$

$$= 0 \qquad \text{si } |x - y| > 1,$$

pour tout Λ qui contient x, y. Il s'ensuit que ν_Λ a la représentation

$$\nu_\Lambda(A) = Z_\Lambda^{-1} \exp\left[-\frac{1}{2} U(A)\right], \quad A \subset \Lambda .$$

ν_Λ est un état de Gibbs fini, dans le sens de Déf.3, en effet $\nu_\Lambda(A) = \pi_\Lambda^\phi(A)$.

Si la frontière $\partial\Lambda$ de Λ est occupée dans $Y \subset \partial\Lambda$, il faut modifier le potentiel V_Λ près de la frontière $\partial\Lambda$ pour obtenir V_Λ^Y. Exactement comme dans le cas $Y = \phi$, on voit que les probabilités conditionnelles de μ déterminent le potentiel V_Λ^Y. Donc ils déterminent ν_Λ^Y comme état de Gibbs sur 2^Λ. Mais il est évident que Π_Λ^Y est aussi un état de Gibbs sur 2^Λ. Si son potentiel $U(x,y)$ est défini comme plus haut,il aura les probabilités conditionnelles désirées. Par conséquent

$$\Pi_\Lambda^Y (A) = \nu_\Lambda^Y (A) = \frac{\mu_{\bar{\Lambda}} (A \cup Y)}{\mu_{\partial\Lambda} (Y)} \quad , A \subset \Lambda , Y \subset \partial\Lambda .$$

Il s'ensuit que $\mu \in \mathcal{G}_U$, et la preuve du théorème 3 est complète.

Remarques :

Le théorème 3 montre qu'on peut substituer pour la condition (b) dans la définition 4, la condition

$$\text{(b)'} \quad \frac{\mu_{\bar{\Lambda}} (A \cup Y)}{\mu_{\partial\Lambda}(Y)} = \Pi_\Lambda^Y (A), \text{ pour } A \subset \Lambda , \quad |\Lambda| = 1.$$

(les conditions (a) et (b)' entraînent que μ est un état de Markov, donc un état de Gibbs local)

Voir [19, 34] pour les résultats analogues concernant les états de Gibbs sur $\{0, 1\}^S$, S un ensemble dénombrable quelconque.

Démonstration (Théorème 1).

i) $\mathcal{M} \subset \mathcal{M}_1$: soit μ un processus stationnaire de Markov. La positivité et l'invariance par translation des probabilités conditionnelles de μ sont des conséquences directes de la positivité de M et l'invariance par translation de μ.

Il faut montrer que pour tout $A \subset Z$ fini, et toute $f : A \to \{0, 1\}$ où $x \notin A$ et $\partial x \subset A$,

$$\mu \{\omega_x = 1 \mid \omega_y = f_y, y \in A\} = \mu \{ \omega_x = 1 \mid \omega_y = f_y, y \in A \cap \partial x\}. \quad (*)$$

Supposons d'abord que A soit consécutif : c'est-à-dire que

$A = \{y, y + 1, \ldots, x - 1, x + 1, \ldots z - 1, z\}$.

Le membre de gauche de (*) devient

$$\frac{\mu \{\omega_x = 1 ; \omega_t = f_t, t \in A\}}{\mu \{\omega_x = 0 ; \omega_t = f_t, t \in A\} + \mu \{\omega_x = 1 ; \omega_t = f_t, t \in A\}}$$

$$= \frac{M (f_{x-1}, 1) M (1, f_x)}{M (f_{x-1}, 0) M (0, f_{x+1}) + M (f_{x-1}, 1) M (1, f_{x+1})} \cdot \frac{\pi (v_{x-1})}{\pi (v_{x-1})}$$

et ceci est exactement le membre de droite de (*). Lorsque A n'est pas consécutif le principe de la démonstration reste le même. On fait la somme des probabilités des différentes possibilités sur les "trous" de A, et après l'élimination des facteurs communs, le nouveau quotient est exactement la probabilité que $\omega_x = 1$, conditionnée par les valeurs que prend ω sur $A \cap \partial x$. Par conséquent μ est un état de Markov de dimension 1.

ii) $\mathcal{M}_1 \subset \mathcal{M}$. Si μ est dans $\mathcal{M}_1$, il est un état de Gibbs local pour un potentiel local U (théorème 3). D'après le théorème 2, il est donc la limite vague, pour une suite d'intervalles I_n qui croissent vers $\mathbb{Z}$, de mesures de la forme $\sum_{Y \subset \partial I_n} C(Y) \; \Pi_{I_n}^{Y}(.)$ où $C(Y) \geq 0$, $\sum C(Y) = 1$.

$$\text{Or } \Pi_{I_n}^{Y}(A) = Z_{I_n}^{-1}(Y) \exp\left(- \frac{1}{2} U(A \cup Y)\right)$$

$$= \mu_n(A) \text{ (définition)}$$

$$= \tilde{Z}_{I_n}^{-1}(Y)\, Q(V_{a-1}, V_a) \ldots Q(V_b, V_{b+1})$$

où $I_n = [a, b]$ et où $V_t = 1$ si $t \in A \cup Y$, et $= 0$ sinon.

En effet, il s'agit d'écrire

$$\log Q(1, 0) = \log Q(0, 1) - \frac{1}{4} u_0$$

$$\log Q(0, 0) = 0$$

$$\text{et} \quad \log Q(1, 1) = - U(0, 1) - \frac{1}{2} u_0.$$

Le théorème 1 du chapitre I nous assure que μ_n^Y converge vers une mesure $\bar{\mu}$ dans $\mathcal{M}$ qui est indépendante du choix de Y. Il s'ensuit que la limite commune des $\{\Pi_{I_n}^{Y}\}$ s'identifie nécessairement à la mesure $\mu \in \mathcal{M}_1$ qui est la limite de combinaisons convexes des $\Pi_{I_n}^{Y}$.

(N.B. $|\partial I_n| = 2$ pour tout n et par conséquent les combinaisons sont toujours de quatre termes).

Nous avons donc $\mathcal{M}_1 \subset \mathcal{M}$.

Dans le chapitre qui suit on étudiera pour quels potentiels locaux on a transition de phase, c'est-à-dire pour quels U on a $|\;_U| > 1$. On sait déjà (théorème 1) que c'est impossible si la dimension $\nu = 1$, tandis que c'est possible (théorème 2, chapitre I) si $\nu > 2$).

CHAPITRE IV

TRANSITION DE PHASE POUR LE MODELE D'ISING D'UN GAZ

Nous supposerons dans ce chapitre que le potentiel local U est isotrope, de la forme :

$$U(x,y) = \begin{cases} u_0 & , \text{ si } x = y \\ u_1 & , \text{ si } |x-y| = 1 \\ 0 & , \text{ si } |x-y| > 1 \end{cases}$$

Question : Dans quelle partie du plan (u_0, u_1) la classe $\mathcal{G}_U$ est-elle réduite à un seul élément ?

Nous démontrerons l'unicité dans le demi-plan $u_1 \leqslant 0$, lorsque $u_0 + 2\nu u_1 \neq 0$, c'est-à-dire en dehors d'une demi-droite d'origine O ; ce sera l'objet du théorème de Ruelle ; puis nous donnerons des indications sur la manière de résoudre le cas $u_1 > 0$.

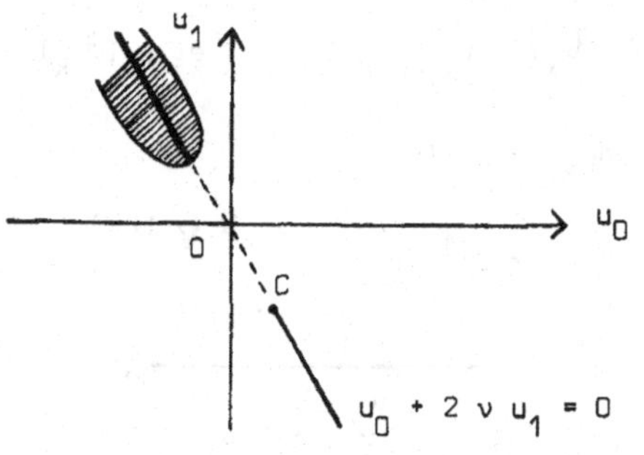

Un calcul simple montre que le modèle d'Ising du chapitre I, correspond au modèle présent avec la condition que $u_0 + 2\nu u_1 = 0$, et $u_1 = -2J$.

Donc nous savons aussi (théorème 2, chapitre I) l'existence d'un point C sur la demi-droite, tel que $|\mathcal{G}_U| > 1$ si le point (u_0, u_1) est en dessous de C. Le théorème 1 ci-dessous montre que, inversement $|\mathcal{G}_U| = 1$, si (u_0, u_1) est suffisamment proche de l'origine.

Proposition 1

Un état de Markov μ appartient à $\mathcal{G}_U$ si et seulement si

$$\mu(\{\omega(x) = 1\} \mid \mathcal{A}_k) = \frac{1}{1 + e^{\frac{u_0}{2} + ku_1}}, \forall k \in [0, 2\nu], \forall x \in \mathbb{Z}_\nu, \text{ où}$$

$\mathcal{A}_k$ désigne l'évènement $\{\omega \in \{0, 1\}^{\mathbb{Z}_\nu} = \Omega ; \omega(y_1) = 1$, pour k voisins y_1 de x ; $\omega(y_2) = 0$ pour les $2\nu - k$ voisins restants y_2 de $x\}$.

Démonstration

Condition nécessaire :

$$\mu(\{\omega(x) = 1\} \mid \mathcal{A}_k) = \frac{\mu(\{\omega(x) = 1\} \cap \mathcal{A}_k)}{\mu(\mathcal{A}_k)} .$$

Soit Y l'ensemble des k voisins de x occupés ; nous avons :

$$\mu(\{\omega(x) = 1\} \cap \mathcal{A}_k) = \mu_{x \cup \partial x}(Y \cup x) \text{ et } \mu(\mathcal{A}_k) = \mu_{\partial x}(Y)$$

d'où $\mu(\{\omega(x) = 1\} \mid \mathcal{A}_k) = \Pi_x^Y(x)$

$$= Z_x^{-1}(Y)\, e^{-\frac{1}{2} U(x \cup Y)}$$

$$= \frac{1}{1 + e^{\frac{u_0}{2} + k u_1}},$$

car $Z_x(Y)(\Pi_x^Y(x) + \Pi_x^Y(\emptyset)) = e^{-\frac{1}{2} U(x \cup Y)} + e^{-\frac{1}{2} U(Y)}$

et $U(x \cup Y) - U(Y) = U(x) + 2\, U(x, Y) = u_0 + 2\, k\, u_1$

Condition suffisante :

$\forall A \subset \Lambda$ fini $\subset \mathbb{Z}_\nu$, nous avons (d'après le théorème III 3 b)

(1) $\mu_\Lambda(A) > 0$, puisque μ est un état de Markov

et

(2) $$\frac{1}{1 + e^{\frac{1}{2}(U(x \cup Y) - U(Y))}} = \frac{\mu_{x \cup \partial x}(X \cup Y)}{\mu_{\partial x}(Y)} = \mu(\{\omega(x) = 1\} \mid \mathcal{A}_k)$$

$$= \frac{1}{1 + e^{\frac{u_0}{2} + |Y| u_1}}, \quad \forall Y \subset \partial x$$

Or, comme μ est un état de Markov, c'est un état de Gibbs appartenant à une classe $\mathcal{G}_{U_1}$ d'où, comme les relations ci-dessus déterminent entièrement U (cf démonstration du théorème 3 du chapitre III), et comme les classes sont disjointes, $U_1 = U$.

Remarque : la proposition 1 est évidemment valable pour le modèle d'Ising ; on remarque que :

$$u_0 + 2\nu u_1 = 0 \Longleftrightarrow \mu(\{\omega(x) = 1\} \mid \mathcal{A}_k) = \mu(\{\omega(x) = 0\} \mid \mathcal{A}_{2\nu-k})$$

On retrouve donc la symétrie de μ pour les configurations obtenues en échangeant les + et les -, vue dans le modèle avec champ magnétique nul étudié dans le chapitre I.

Théorème 1

$\mathcal{G}_U$ possède un seul élément si :

(i) pour u_0 fixé, u_1 est suffisamment petit

(interaction faible)

ou (ii) pour u_1 fixé, u_0 est positif, suffisamment grand

(densité basse)

Démonstration

Démontrons (i) et (ii) en utilisant une méthode fondée sur l'équation de Kirkwood-Salsburg.

Définition

On appelle fonction de corrélation de la mesure μ sur $\Omega = \{0, 1\}^{\mathbb{Z}_\nu}$ la fonction ρ définie par :

$$\rho(A) = \mu(\{\omega \; ; \; \omega(x) = 1, \forall x \in A\}), \forall A \subset \mathbb{Z}_\nu$$

Lemme 1

ρ détermine entièrement μ_Λ, pour toute partie finie Λ de $\mathbb{Z}_\nu$, donc détermine entièrement μ.

Démonstration

Nous avons, par définition de ρ et de μ_Λ :

$$\rho(A) = \sum_{A \subset B \subset \Lambda} \mu_\Lambda(B)$$

d'où le résultat, en utilisant la formule d'inversion de Möbius :

$$\mu_\Lambda(A) = \sum_{C \subset \Lambda \setminus A} (-1)^{|C|} \rho(A \cup C)$$

Montrons maintenant que ρ satisfait à l'équation de Kirkwood-Salsburg ; nous prouverons ensuite que cette équation a une solution unique sous les conditions (i) ou (ii) ; l'application du lemme 1 achèvera alors la démonstration.

Lemme 2

Soit ρ la fonction de corrélation d'un état μ de $\mathcal{G}_U$; soit x un point quelconque de $\mathbb{Z}_\nu$ et A une partie finie de $\mathbb{Z}_\nu$ possédant x ; alors, si $A'_x = A^c \cap \partial x$ et si on pose :

$$g_x(A, B) = \left(1 + e^{\left(\frac{U(x,x)}{2} + \sum_{y \in (A \setminus x) \cup B} U(x,y)\right)}\right)^{-1}, \quad \forall B \subset A'_x ,$$

on a :

$$\rho(A) = \sum_{C \subset A'_x} \rho((A \setminus x) \cup C)\,(-1)^{|C|} \sum_{B \subset C} g_x(A, B)\,(-1)^{|B|}$$

Démonstration

Nous avons, d'après la proposition 1 :

$$\mu(\{\omega\ (x) = 1\} | \mathcal{A}_{|(A \cap \partial x) \cup B|}) = g_x(A, B)$$

d'où :

$$\rho(A) = \sum_{B \subset A'_x} \mu(\{\omega\ ;\ \omega(y) = 1, \forall y \in A \cup B\ ;\ \omega(y) = 0, \forall y \in A'_x \setminus B\})$$

$$= \sum_{B \subset A'_x} g_x(A,B)\, \mu(\{\omega\ ;\ \omega(y) = 1, \forall y \in (A \setminus x) \cup B\ ;\ \omega(y) = 0, \forall y \in A'_x \setminus B\})$$

(en appliquant la formule de Bayes et la propriété (2) de la définition d'un état de Markov)

$$= \sum_{B \subset A'_x} g_x(A, B)\, \mu_{(A \setminus x) \cup A'_x}((A \setminus x) \cup B)$$

$$= \sum_{B \subset A'_x} g_x(A, B) \sum_{E \subset A'_x \setminus B} (-1)^{|E|}\, \rho((A \setminus x) \cup B \cup E),$$

d'où la relation cherchée, en posant $C = B \cup E$.

L'équation de Kirkwood-Salsburg s'écrit alors :

$$\rho(A) = \sum_{D \subset \mathbb{Z}_\nu} K_x(A, D)\, \rho(D), \quad \forall x \in A \text{ tel que } |A| < +\infty ,$$

où le noyau $K_x(A, D)$ est sommable, valant 0 pour tout D sauf pour un nombre fini.

Par la méthode habituelle des opérateurs de contraction, nous obtenons :

Lemme 3

Soit ρ la fonction de corrélation de l'état μ de $\mathcal{G}_U$; si K est une contraction, c'est-à-dire si :

$$\sum_{D \in \mathbb{Z}_\nu} |K_x(A, D)| \leqslant k < 1, \forall x \in A \text{ tel que } |A| < +\infty, \text{ alors } \mathcal{G}_U \text{ a}$$

un seul élément.

Démonstration

Soit μ et $\tilde{\mu}$ dans $\mathcal{G}_U$, de fonctions de corrélation ρ et $\tilde{\rho}$; alors pour tout x de A tel que $|A| < +\infty$, nous avons, d'après le lemme 2 :

$$\rho(A) - \tilde{\rho}(A) = \sum_{D \in \mathbb{Z}_\nu} K_x(A, D)\,(\rho(D) - \tilde{\rho}(D))$$

d'où $$|\rho(A) - \tilde{\rho}(A)| \leqslant \sum_{D \subset \mathbb{Z}_\nu} |K_x(A, D)|\, |\rho(D) - \tilde{\rho}(D)|$$

$$\leqslant k \sup_{D \in \mathbb{Z}_\nu} (|\rho(D) - \tilde{\rho}(D)|), \text{ avec } k < 1.$$

Comme le sup est atteint pour D fini, alors $\rho(A) = \tilde{\rho}(A)$, d'où, d'après le lemme 1, $\mu = \tilde{\mu}$.

Il est aisé de voir que les conditions (i) ou (ii) nous placent dans les hypothèses du lemme 3 pour le noyau K, d'où la conclusion de la preuve du théorème 1.

Nous allons maintenant démontrer le théorème de Ruelle [11] ; pour cela, nous utiliserons deux théorèmes auxiliaires :

Inégalité de Griffiths-Holley (corollaire du théorème 5, chapitre VI)

Soit Λ un ensemble fini arbitraire et soit μ_1 et μ_2 deux densités de probabilité sur 2^Λ telles que :

$$\mu_1(A \cup B)\,\mu_2(A \cap B) \geqslant \mu_1(A)\,\mu_2(B), \forall A, B \in 2^\Lambda ;$$

alors, pour toute fonction f à valeurs réelles croissante sur 2^Λ (partiellement ordonné par l'inclusion, la croissance étant large), on a :

$$\sum_{A \subset \Lambda} \mu_1 (A) f (A) \geq \sum_{A \subset \Lambda} \mu_2 (A) f (A)$$

(ce qui équivaut à : il existe une probabilité ν sur $2^\Lambda \times 2^\Lambda$ de marginales μ_1 et μ_2 telles que :

$$\nu (A, B) > 0 \longrightarrow B \subset A)$$

Exemple

Si μ_1 et μ_2 ont pour densités $\Pi_\Lambda^{Y_1}$ et $\Pi_\Lambda^{Y_2}$ respectivement, c'est-à-dire sont deux états de Gibbs correspondant à U tel que $u_1 \leqslant 0$, alors l'hypothèse de ce théorème est satisfaite si $Y_1 \supset Y_2$.

Théorème de Lee-Yang (cf démonstration dans [1] p. 108)

Soit Λ un ensemble fini arbitraire et soit un noyau $a (x, y)$ symétrique sur Λ tel que :

$$- 1 \leqslant a (x, y) = a (y, x) \leqslant 1, \qquad \forall x, y \in \Lambda$$

Alors les zéros de $\mathcal{G} (z) = \sum_{A \subset \Lambda} z^{|A|} \prod_{x \in A} \prod_{y \in \Lambda \setminus A} a (x, y)$

se trouvent sur le cercle $|z| = 1$

Définition

Un potentiel local U est dit attractif, si $U (x, y) \leqslant 0$, lorsque $x \neq y$.

Théorème de Ruelle

Si U est attractif ($u_1 \leqslant 0$), alors il ne peut y avoir transition de phase que sur la droite d'équation $u_0 + 2 \nu u_1 = 0$.

Démonstration

Elle comporte 11 étapes.

(1) a) Pour toute partie finie Λ de $\mathbb{Z}_\nu$ et $Y \subset \partial\Lambda$, nous désignerons par ρ_Λ^Y la fonction de corrélation de l'état correspondant à Π_Λ^Y ; nous avons :

$$\rho_\Lambda^Y (A) = \sum_{\Lambda \supset B \supset A} \Pi_\Lambda^Y (B)$$

Posons : $\rho_\Lambda^+ = \rho_\Lambda^{\partial\Lambda}$ et $\rho_\Lambda^- = \rho_\Lambda^{\emptyset}$

Alors, si $Y_1 \supset Y_2$, comme les états correspondant à $\Pi_\Lambda^{Y_1}$ et $\Pi_\Lambda^{Y_2}$ satisfont à l'hypothèse du théorème de Griffiths-Holley, en prenant pour fonction croissante sur 2^Λ la fonction χ_A définie par :

$$\chi_A (B) = \begin{cases} 1, \text{ si } B \supset A \\ 0 \text{ sinon} \end{cases}, \text{ cela pour tout } A \subset \Lambda ,$$

nous avons :

$$\sum_{B \subset \Lambda} \chi_A (B) \quad \Pi_\Lambda^{Y_1} (B) \geq \sum_{B \subset \Lambda} \chi_A (B) \, \Pi_\Lambda^{Y_2} (B)$$

d'où $\rho_\Lambda^{Y_1} (A) \geq \rho_\Lambda^{Y_2} (A), \ \forall A \subset \Lambda$,

puisque $\rho_\Lambda^Y (A) = \sum_{A \subset B \subset \Lambda} \Pi_\Lambda^Y (B)$

b) Soit $\Lambda' \supset \Lambda$; alors, pour $A \subset \Lambda$,

$$\rho_{\Lambda'}^+ (A) \leq \rho_\Lambda^+ (A), \quad \rho_{\Lambda'}^- (A) \geq \rho_\Lambda^- (A).$$

Montrons la première inégalité ; en utilisant la projectivité des Π_Λ^Y démontrée au chapitre III (lemme), nous avons :

$$\rho_{\Lambda'}^+ (A) = \sum_{Y \subset \partial\Lambda} C (Y) \, \rho_\Lambda^Y (A),$$

où $\sum_{Y \subset \partial\Lambda} C (Y) = 1$

(on applique la formule de Bayes).

Or $\rho_\Lambda^Y (A) \leq \rho_\Lambda^{\partial\Lambda} (A), \ \forall Y \subset \partial\Lambda$, d'après a), d'où le résultat.

(2) Pour toute suite $\{\Lambda_n\}$ de parties finies de $\mathbb{Z}_\nu$ croissant vers $\mathbb{Z}_\nu$, la suite $\{\rho^+_{\Lambda_n}(A)\}$ (resp. $\{\rho^-_{\Lambda_n}(A)\}$) tend donc vers une limite $\rho^+(A)$ (resp. $\rho^-(A)$), indépendante de la suite $\{\Lambda_n\}$, fonction de corrélation définissant une probabilité μ^+ sur Ω(resp. μ^-) ; nous avons alors :

$$\mu^+ = \mu^- \longrightarrow |\mathcal{G}_U| = 1$$

(En effet, d'après le théorème 2 du chapitre III, tout état μ de Gibbs de $\mathcal{G}_U$ est limite étroite de combinaisons convexes de mesures à support l'ensemble des cylindres à base partie d'un ensemble fini $\Lambda_n \subset Z_\nu$, où $\{\Lambda_n\}$ est une suite croissant vers $\mathbb{Z}_\nu$; or, pour tout cylindre à base $A \subset \Lambda_n$, la combinaison convexe au rang n a une valeur comprise entre $\rho^-_{\Lambda_n}(A)$ et $\rho^+_{\Lambda_n}(A)$, d'où le résultat).

(3) Remarquons que μ^+ et μ^- sont invariantes par translation ; c'est-à-dire que nous avons :

$$\forall A \subset \mathbb{Z}_\nu \ , \ \forall x \in \mathbb{Z}_\nu \ , \ \rho^+_-(A) = \rho^+_-(A+x),$$

car $\rho^+_\Lambda(A) = \rho^+_{\Lambda+x}(A+x)$, et $\rho^+_\Lambda(A) \searrow \rho^+(A)$ et de même $\rho^+_{\Lambda+x}(A+x) \searrow \rho^+(A+x)$. Même raisonnement pour $\bar{\rho}$.

(4) Montrons que $\mu^+ = \mu^-$, si et seulement si $\rho^+(o) = \rho^-(o)$

<u>Condition nécessaire</u> : évidente

<u>Condition suffisante</u> : par translation, $\rho^+(x) = \rho^-(x)$, $\forall x \in \mathbb{Z}_\nu$. On achève la démonstration par induction sur la cardinalité de A, en utilisant le théorème de Griffiths-Holley appliqué à la fonction monotone $f = \chi_A + \chi_x - \chi_{A\cup x}$ (car alors $\rho^+_\Lambda(A\cup x) \leq \rho^-_\Lambda(A\cup x)$, si $\rho^+_\Lambda(A) = \rho^-_\Lambda(A)$)

(5) Comme $\rho^\pm(o) = \rho^\pm(x)$, $\forall x \in \mathbb{Z}_\nu$, on a :

$$\rho^{\pm}(o) = \lim_{\Lambda_n \uparrow \mathbb{Z}_\nu} \frac{1}{|\Lambda_n|} \sum_{x \in \Lambda_n} \rho^{\pm}_{\Lambda_n}(x)$$

(6) Soit $Z^-_\Lambda(\lambda) = \sum_{A \subset \Lambda} e^{-\frac{1}{2}U(A) - \lambda |A|}$

et $Z^+_\Lambda(\lambda) = \sum_{A \subset \Lambda} e^{-\frac{1}{2}U(A) - \lambda |A| - U(A, \partial\Lambda)}$,

où Λ est une partie finie quelconque de $\mathbb{Z}_\nu$.

Remarquons que $Z^-_\Lambda(- \mathrm{Log}\ t) = \varphi(t)$ est la fonction génératrice de la variable aléatoire $|A|$ égale au nombre de points occupés d'une configuration de Λ , pour la probabilité de densité π^-_Λ (au coefficient $Z^{-1}_\Lambda(\phi)$ près)

Soit $P^{\pm}_\Lambda(\lambda) = \frac{1}{|\Lambda|} \mathrm{Log}\ Z^{\pm}_\Lambda(\lambda)$

Alors $P(\lambda) = \lim_{\Lambda_n \uparrow \mathbb{Z}_\nu} P^{\pm}_{\Lambda_n}(\lambda)$, pour toute suite adéquate $\{\Lambda_n\}$ de parties finies de $\mathbb{Z}_\nu$ croissant vers $\mathbb{Z}_\nu$.

La démonstration utilise une version affaiblie du théorème de Frobenius sur les matrices positives pour le démontrer, voir [1] p. 22. L'égalité des limites de $P^-_\Lambda(\lambda)$ et $P^+_\Lambda(\lambda)$ revient au fait que

$$\frac{|\partial\Lambda_n|}{|\Lambda_n|} \to 0 \quad \text{lorsque } n \to \infty .$$

(7) Nous avons, en posant $S^{\pm}_\Lambda = \frac{1}{|\Lambda_n|} \sum_{x \in \Lambda_n} \rho^{\pm}_{\Lambda_n}(x)$:

$$S^{\pm}_{\Lambda_n} = - \frac{\partial}{\partial\lambda} (P^{\pm}_{\Lambda_n}(\lambda))\Big|_{\lambda = 0}$$

En effet $S^{\pm}_{\Lambda_n}$ est l'espérance de la variable aléatoire $\frac{|A|}{|\Lambda_n|}$ pour la probabilité de densité $\pi^{\pm}_{\Lambda_n}$

Nous en déduisons :

$$\rho^{\pm}(o) = - \lim_{\Lambda_n \uparrow \mathbb{Z}_\nu} \left(\frac{\partial}{\partial\lambda} (P^{\pm}_{\Lambda_n}(\lambda))\Big|_{\lambda=0}\right)$$

(8) P (λ) est une fonction convexe sur $\mathbb{R}$; en effet les $P_{\Lambda_n}(\lambda)$ sont des fonctions convexes sur $\mathbb{R}$, pour tout n ; car $Z^-_{\Lambda_n}(\lambda) = Z^-_{\Lambda_n}(o)\, E^-_{\Lambda_n}\left[e^{-\lambda|A|}\right]$

d'où, en appliquant l'inégalité de Schwarz :

$$Z^-_{\Lambda_n}\left(\frac{\lambda_1+\lambda_2}{2}\right) \leqslant \left(Z^-_{\Lambda_n}(\lambda_1)\, Z^-_{\Lambda_n}(\lambda_2)\right)^{\frac{1}{2}} \quad , \forall (\lambda_1, \lambda_2) \in \mathbb{R}^2$$

$$\text{d'où} \quad P^-_{\Lambda_n}\left(\frac{\lambda_1+\lambda_2}{2}\right) \leqslant \frac{P^-_{\Lambda_n}(\lambda_1) + P^-_{\Lambda_n}(\lambda_2)}{2} \quad , \forall (\lambda_1, \lambda_2) \in \mathbb{R}^2,$$

puisque la fonction Log est croissante, ce qui établit la convexité de $P^-_{\Lambda_n}(\lambda)$, pour tout n, donc celle de P (λ) par passage à la limite.

(9) <u>Lemme</u> :

Soit $\{f_n\}$ une suite de fonctions convexes sur $\mathbb{R}$ de limite f, lorsque n augmente indéfiniment, telle que les f_n et f soient différentiables à l'origine, alors :

$$\lim_{n\to+\infty} f'_n(o) = f'(o) .$$

Si nous posons $f_n = P^-_{\Lambda_n}$, alors, si la fonction P est différentiable en O, nous aurons :

$$\rho^+(o) = \rho^-(o),$$

d'où la solution du théorème de Ruelle, d'après (4).

(10) Comme il est plus facile d'établir l'analyticité de P, nous supposerons λ complexe. Montrons que, s'il existe un disque $|\lambda| \leqslant \delta$, $\delta > 0$ tel que Z_{Λ_n} ne s'annule pas à l'intérieur, et si δ est indépendant de n, alors P est analytique dans le disque : or cela résulte du fait que P est limite de polynômes en $e^{-\lambda}$, en utilisant les résultats sur les familles normales.

(11) Considérons une quantité intermédiaire entre $Z^-_{\Lambda_n}$ et $Z^+_{\Lambda_n}$:

$$Z_{\Lambda_n}(\lambda) = \sum_{A \subset \Lambda_n} e^{-\frac{1}{4} U(A) - \frac{1}{4} U(A \cup \partial\Lambda_n) - \lambda |A|}$$

Etudions les zéros de $Z^{\pm}_{\Lambda_n}$: si $u_1 \leqslant 0$ et si $u_0 + 2\nu u_1 \neq 0$, alors il existe un δ tel que $Z_{\Lambda_n}(\lambda) \neq 0$ pour $|\lambda| \leqslant \delta$.

Comme $U(A \cup \partial\Lambda_n) = U(A) + 2U(A, \partial\Lambda_n) + U(\partial\Lambda_n)$:

$$Z_{\Lambda_n}(\lambda) = e^{-\frac{1}{4} U(\partial\Lambda_n)} \sum_{A \subset \Lambda_n} e^{-\frac{1}{2} U(A) - \frac{1}{2} U(A, \partial\Lambda_n) - \lambda |A|}$$

$$= k \sum_{A \subset \Lambda_n} e^{-(\lambda + \frac{u_0}{2})|A| - \frac{1}{2} u_1 \sum_{x \in A} (2\nu - \#_x)}$$

où $\#_x$ désigne le nombre de voisins de x dans $\Lambda_n \setminus A$

$$= k \sum_{A \subset \Lambda_n} e^{-(\lambda + \frac{u_0 + 2\nu u_1}{2})|A|} \, e^{\frac{u_1}{2} \sum_{x \in A} \sum_{y \in \Lambda_n \setminus A} I(x,y)}$$

($I(x, y) = 0$, si $x = y$ ou x non voisin de y et $I(x, y) = 1$, si x voisin de y)

$$= k \sum_{A \subset \Lambda_n} z^{|A|} \prod_{x \in A} \prod_{y \in \Lambda_n \setminus A} a(x, y),$$

où $z = e^{-(\lambda + \frac{u_0 + 2\nu u_1}{2})}$ et $a(x, y) = \begin{cases} 1, & \text{si } |x-y| \neq 1 \\ e^{\frac{u_1}{2}}, & \text{si } |x-y| = 1 \end{cases}$

Nous avons :

$-1 \leqslant a(x, y) = a(y, x) \leqslant 1$ pour $u_1 \leqslant 0$,

d'où, comme z n'est pas sur le cercle $|z| = 1$, si $|\lambda|$ est suffisamment petit et si $u_0 + 2\nu u_1 \neq 0$, nous pouvons, en appliquant le théorème de Lee-Yang, affirmer qu'il existe un δ tel que $Z_{\Lambda_n} \neq 0$ pour $|\lambda| \leqslant \delta$. La démonstration du théorème de Ruelle est ainsi achevée.

Remarques

(1) Exemple : $\nu = 2$

D'après le théorème 1, chapitre I, il existe une demi-droite d'équation $\begin{cases} u_0 + 4\, u_1 = 0 \\ u_1 \leqslant k < 0 \end{cases}$ correspondant à la transition de phase ; un point $\begin{pmatrix} u_0 \\ u_1 \end{pmatrix}$ de cette demi-droite correspond à un potentiel local attractif U, tel que $|\mathcal{G}_U| \neq 1$; soit $\mu \in \mathcal{G}_U$, nous avons :

k	$\mu\,(\{\omega\,(x) = 1\} \mid \mathcal{A}_k)$
0	$(1 + e^{-2\,u_1})^{-1} = \alpha$
1	$(1 + e^{-u_1})^{-1} = \beta$
2	$\frac{1}{2}$
3	$(1 + e^{u_1})^{-1} = 1 - \beta$
4	$1 - \alpha$

α et β sont voisins de 0, si $-\,u_1$ est grand (cas d'une grande attraction) ; alors, il existe deux états μ^+ et μ^- distincts dans $\mathcal{G}_U$. μ^+ correspond à une occupation presque totale, μ^- à une occupation presque nulle. On peut montrer qu'ils sont ergodiques, donc points extrêmaux de $\mathcal{G}_U$.

(2) Dans le modèle d'Ising étudié au chapitre I, le cas $J \geqslant 0$ (ferromagnétisme) correspond au cas attractif et le cas $J \leqslant 0$ (antiferromagnétique) correspond au cas répulsif ; dans le cas ferromagnétique, pour J suffisamment grand, il y a transition de phase et les deux états extrêmaux μ^+ et μ^- sont tels que :

- il n'existe presque que des + dans l'état μ^+
- il n'existe presque que des - dans l'état μ^-

(3) Que se passe-t-il dans le cas répulsif ?

(a) Dobrushin [12] a montré qu'il existe un voisinage de la demi-droite d'équation

$$\begin{cases} u_0 + 2\nu u_1 = 0 \\ u_1 \geq k' > 0 \end{cases}$$

pour lequel il y avait transition de phase.

(b) On peut montrer un résultat moins précis, dans le cas du modèle d'Ising.

Théorème

Pour J négatif tel que $|J|$ soit suffisamment grand, $|\mathcal{G}_U| \neq 1$.

Démonstration ($\nu = 2$)

Décomposons $\mathbb{Z}_\nu$ en P U I, où $P = \{(m, n) \; ; \; m + n \text{ pair}\}$;

Soit $\Sigma = \{+1, -1\}^{\mathbb{Z}_\nu}$; considérons l'application $*$ de Σ vers Σ qui à un élément σ associé σ^* par :

$$\sigma^*(x) = \begin{cases} \sigma(x), \text{ si } x \in P \\ -\sigma(x), \text{ sinon} \end{cases}$$

Nous avons : $|x-y| = 1 \longrightarrow \sigma^*(x)\,\sigma^*(y) = -\sigma(x)\,\sigma(y)$

L'application $*$ est donc telle qu'elle transforme le potentiel U correspondant à $J < 0$ en un potentiel V correspondant à $-J > 0$, d'où le résultat, comme

$|\mathcal{G}_U| = |\mathcal{G}_V| \neq 1$, pour $|J|$ suffisamment grand.

(Ce résultat est connu sous l'appellation de "symmetry breakdown").

(4) Question : quels sont les points extrêmaux invariants par translation de $\mathcal{G}_U$?

Dans le cas attractif :

. on pense qu'il n'y a que μ^+ et μ^-

. si on s'intéresse à tous les points extrêmaux, invariants ou non, on croit que μ^+ et μ^- sont encore les seuls, si $\nu = 2$. Mais récemment Dobrushin [13] a démontré qu'il existe une infinité dénombrable si $\nu \geqslant 3$.

Voici la raison intuitive de ce phénomène. Imposons sur une suite croissante de cubes Λ_n la condition de frontière, que la demi-frontière supérieure soit occupée (+) tandis que la demi-frontière inférieure soit vide (-). Dobrushin a montré que la limite μ de ces états finis de Gibbs existe toujours ($\nu \geqslant 2$). Si $\nu = 2$ il trouve que

$$\mu = \frac{1}{2} \mu^+ + \frac{1}{2} \mu^- ,$$

donc le mélange (non-ergodique) des états à haute et à basse densité. Mais si $\nu \geqslant 3$ l'influence de la frontière est plus forte, et μ est un état non-invariant par translation. Sa densité $\mu [\omega (x) = 1]$ est une fonction monotone croissante en x quand x se déplace vers le haut dans la direction verticale.

CHAPITRE V

CARACTERISATION VARIATIONNELLE DES ETATS DE GIBBS

1 - Caractérisation variationnelle d'un état fini de Gibbs

Soient Λ fini, μ une probabilité sur 2^Λ, U une fonction réelle sur 2^Λ.

On définit les quantités suivantes :

- l'entropie spécifique $S_\Lambda(\mu) = -\frac{1}{|\Lambda|} \sum_{A \in 2^\Lambda} \mu(A) \log \mu(A)$

  (en posant $0 \log 0 = 0$)

- l'énergie moyenne $E_\Lambda^U(\mu) = \frac{1}{|\Lambda|} \sum_{A \in 2^\Lambda} \mu(A) \frac{U(A)}{2}$

- l'énergie libre $F_\Lambda^U(\mu) = E_\Lambda^U(\mu) - S_\Lambda(\mu)$.

- la fonction de répartition $Z_\Lambda(U) = \sum_{A \in 2^\Lambda} e^{-\frac{1}{2}U(A)}$

- la pression $P_\Lambda(U) = \frac{1}{|\Lambda|} \log Z_\Lambda(U)$

On note ν_Λ la mesure de Gibbs sur 2^Λ

$$\nu_\Lambda(A) = (Z_\Lambda(U))^{-1} e^{-\frac{1}{2}U(A)} .$$

On a la caractérisation suivante :

Théorème 1

i) *Pour toute probabilité μ, $F^U(\mu) \geq -P_\Lambda(U)$*

ii) *On a $F_\Lambda^U(\mu) = -P_\Lambda(U)$ si et seulement si μ est la mesure de Gibbs ν_Λ*

Démonstration

On calcule $F_\Lambda^U(\mu) + P_\Lambda(U)$.

$$F_\Lambda^U(\mu) + P_\Lambda(U) = \frac{1}{|\Lambda|} \sum_{A \in 2^\Lambda} \mu(A) \left[\log \frac{\mu(A)}{e^{-\frac{1}{2}U(A)}} + \log Z_\Lambda(U) \right]$$

$$= \frac{1}{|\Lambda|} \sum_{A \in 2^\Lambda} \nu_\Lambda (A) \left(\frac{\mu (A)}{\nu_\Lambda (A)} \log \frac{\mu (A)}{\nu_\Lambda (A)} \right)$$

il suffit de remarquer que pour tout t réel positif ou nul, $t \log t \geq t-1$ avec égalité seulement au point $t = 1$.

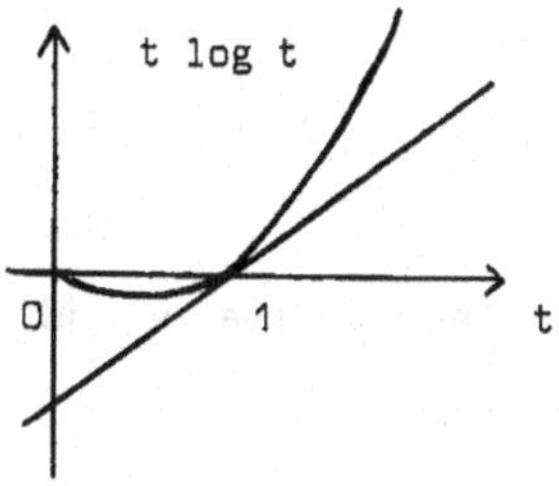

Alors $F_\Lambda^U (\mu) + P_\Lambda (U) \geq \frac{1}{|\Lambda|} \sum_{A \in 2^\Lambda} \nu_\Lambda (A) \left(\frac{\mu (A)}{\nu_\Lambda (A)} - 1\right) = 0$

ce qui montre i), et il n'y a égalité que si il y a égalité pour chaque terme de la somme. Il y a donc égalité si et seulement si μ est la mesure de Gibbs, ce qui montre ii).

2 - Le théorème de Lanford et Ruelle

On va énoncer une généralisation du théorème précédent.

Soit $\mathfrak{J}$ l'ensemble des probabilités sur $\Omega = \{0, 1\}^{\mathbb{Z}_\nu}$ invariantes par les opérateurs τ_x de translation des coordonnées par x.

Soit U une énergie définie par un potentiel invariant (cf Ruelle p. 20) ; U est une fonction réelle des parties finies de $\mathbb{Z}_\nu$, invariante par les translations de $\mathbb{Z}_\nu$.

Par exemple $U (A) = \sum_{x \in A} \sum_{y \in A} U (x, y)$, si U est un potentiel local sur $\mathbb{Z}_\nu$.

On peut étendre les définitions précédentes.

Si Λ est un ensemble fini, soit μ_Λ la mesure image de $\mu \in \mathfrak{F}$ par la projection de $\{0, 1\}^{\mathbb{Z}_\nu}$ sur $\{0, 1\}^\Lambda$. Dans les propositions suivantes Λ tend vers l'infini au sens de Van Hove (cf Ruelle [1] p. 14) ; on peut prendre seulement les limites de long de la suite Λ_n des cubes de côté 2n+1 centrés en 0.

Proposition (Ruelle [1] p. 180)

$S_\Lambda(\mu_\Lambda)$ converge vers une fonction $s(\mu)$ affine semi-continue supérieurement sur $\mathfrak{J}$; $s(\mu)$ s'appelle l'entropie de μ.

Proposition

$E_\Lambda^U(\mu_\nu)$ converge vers une fonction affine continue $e_U(\mu)$ sur $\mathfrak{J}$.

Pour un potentiel local, un calcul simple donne

$$e_U(\mu) = \frac{1}{2}\left\{U(0,0)\ \mu\left[\omega_0 = 1\right] + \sum_{|x|=1} U(0,x)\ \mu\left[\omega_0 = \omega_x = 1\right]\right\}$$

Soit $f_U(\mu) = e_U(\mu) - s(\mu)$ l'énergie libre de μ par rapport à U.

Proposition (Ruelle [1] p. 22)

$P_\Lambda(U)$ converge vers une limite $P(U)$, pour tout potentiel local U.

Toutes ces propositions permettent d'écrire, en passant à la limite

$$f_U(\mu) \geqslant -P(U) \text{ pour tout } \mu \text{ de } \mathfrak{J}$$

Enfin $\mathcal{G}_U$ est convexe compact et invariant par les translations. $\mathcal{G}_U \cap \mathfrak{J}$ est alors non vide car tout point d'accumulation de $\frac{1}{|\Lambda|}\sum_{x \in \Lambda} \tau_x \circ \mu(.)$, $\mu \in \mathcal{G}_U$ est une mesure de Gibbs invariante. Inversement on a le résultat beaucoup plus profond, que chaque mesure $\mu \in \mathfrak{J}$ qui minimise $f_U(\mu)$, est forcément un élément de $\mathcal{G}_U$.

Théorème 2 (Lanford-Ruelle) [10]

On a $f_U(\mu) = -P(U)$ *si et seulement si* μ *appartient à* $\mathcal{G}_U \cap \mathfrak{J}$.

3 - Equivalence des ensembles

On veut pouvoir introduire la mesure de Gibbs de manière "naturelle" à partir des principes de la thermodynamique.

Plus précisément si Λ est une région finie, U une énergie, "l'ensemble microcanonique" est la densité de probabilité uniforme sur 2^{Λ}.

On peut alors calculer les énergies des configurations et se restreindre à celles qui donnent

$$|\Lambda| \quad t \leqslant U\,(A) \leqslant |\Lambda| \quad t + \delta$$

On obtient "un ensemble grand canonique".
Les théorèmes "d'équivalence des ensembles" [1, 3] montrent que pour des valeurs convenables de t et λ, les ensembles canoniques convergent, quand Λ tend vers l'infini, vers une probabilité μ de $\mathcal{G}_{\lambda U}$. La constante λ doit être telle que l'énergie moyenne de μ, par rapport à U est égale à t. Cela s'explique comme suit : le conditionnement nous donne l'état d'entropie maximale parmi tous les états qui sont compatibles (dans le sens d'énergie moyenne) avec le conditionnement [3, 14, 15].

On peut montrer un tel théorème dans le cas élémentaire suivant :
Soit S fini, $\Omega = S^{\mathbb{N}}$, φ une application de S dans $\mathbb{Z}$. Soit p une probabilité sur S et P la probabilité sur Ω produit des lois égales à p. Soit enfin $\inf\limits_{x \in S} \varphi < \rho < \sup\limits_{x \in S} \varphi$.

Soient $P_{n,k}$ pour n fixé et k une valeur possible de $\sum\limits_{i=1}^{n} \varphi\,(x_i)$ la probabilité sur $\{0, 1\}^n$ définie par $P_{n,k}\,(A) = P\,(A \mid \sum\limits_{i=1}^{n} \varphi\,(\omega_i) = k)$. On note encore $P_{n,k}$ un prolongement de $P_{n,k}$ à $\{0, 1\}^{\mathbb{N}}$.

On a le théorème suivant :

Théorème 3

Quand k et n tendent vers l'infini, avec $\frac{k}{n} \to \rho$ *, la famille* $P_{n,k}$ *n'a qu'un point d'accumulation :*

$$\mu\,[\omega_1 = x_1, \ldots, \omega_m = x_m] = \prod_{j=1}^{m} f_\alpha(x_j) \quad \text{où } f_\alpha \text{ est uniquement}$$

déterminée par :

$$f_\alpha(x) = \frac{p(x)\, e^{-\alpha\,\varphi(x)}}{Z(\alpha)}, \quad \sum_{x\in S} f_\alpha(x) = 1, \quad \sum_{x\in S} \varphi(x)\, f_\alpha(x) = \rho$$

Démonstration

On remarque d'abord que les $P_{n,k}$ ont la propriété de symétrie suivante, dès que n est assez grand pour que la formule ait un sens :

$$P_{n,k}\,(\omega_1 = x_1 \ldots \omega_m = x_m \mid \sum_{j=1}^{m} \varphi(\omega_j) = s) = Z_m^{-1}(\varphi, s) \prod_{1}^{m} p(x_j)$$

pour tout m et tous $x_1 \ldots x_m$ tels que $P_{n,k}\left[\sum_{j=1}^{m} \varphi(\omega_j) = s\right]$ est non nul.

($Z_n(\varphi, s)$ est la normalisation).

Tout point d'accumulation a donc la même propriété et on peut appliquer le lemme suivant :

Lemme

Soit μ une probabilité sur Ω telle que pour tout m et tous $x_1 \ldots x_m$ tels que $\sum_{j=1}^{m} \varphi(\omega_j) = s$,

$$\mu\,(\omega_1 = x_1 \ldots \omega_m = x_m \mid \sum_{j=1}^{m} \varphi(\omega_j) = s) = Z_m^{-1}(\varphi, s) \prod_{j=1}^{m} p(x_j)$$

Alors $\mu = \int \nu_\alpha \, dF(\alpha)$, combinaison convexe arbitraire des mesures ν_α qui sont les probabilités sur Ω produit de lois égales à f_α ;

$$f_\alpha(x) = \frac{p(x)\, e^{-\alpha\,\varphi(x)}}{Z(\alpha)}, \; x \in S, \; \sum_{x\in S} f_\alpha(x) = 1.$$

D'après le lemme, tout point d'accumulation de la famille des $P_{n,k}$ est de la forme $\int \nu_\alpha dF(\alpha)$.

De plus μ est obtenue quand $\frac{k}{n} \to \rho$, et donc on doit avoir :

$$\int \varphi(\omega_1)\, d\mu = \rho, \int \varphi(\omega_1)\ \varphi(\omega_2)\, d\mu = \rho^2 .$$

Donc si $h(\alpha) = \sum_x \nu_\alpha(x)\ \varphi(x) = Z^{-1}(\alpha) \sum_{x \in S} p(x)\ \varphi(x)\ e^{-\alpha\,\varphi(x)}$

dF doit vérifier :

$$\rho = \int h(\alpha)\, dF(\alpha) \qquad \rho^2 = \int h^2(\alpha)\, dF(\alpha).$$

La mesure dF est donc concentrée sur l'ensemble des α tel que $h(\alpha) = \rho$

Le théorème est démontré si on vérifie qu'il n'y a qu'un α tel que :

$$h(\alpha) = \frac{\sum_x p(x)\ \varphi(x)\ e^{-\alpha\,\varphi(x)}}{\sum_x p(x)\ e^{-\alpha\,\varphi(x)}} = \rho$$

Or $h(\alpha)$ est décroissante ($h'(\alpha) < 0$) de $\sup_{x \in S} \varphi(x)$ à $\inf_{x \in S} \varphi(x)$ et

ρ est entre ces deux limites.

<u>Démonstration du lemme</u>

Si on pose $F_n(t) = \mu\left(\sum_{k=1}^{n} \varphi(\omega_k) = t\right)$, on a :

$$F_n(t) = \sum_{s \in S} \mu\left(\sum_{k=1}^{n+1} \varphi(\omega_k) = s,\ \varphi(\omega_{n+1}) = s-t\right)$$

$$= \sum_s \mu\left[\varphi(\omega_{n+1}) = s-t \;\Big|\; \sum_{k=1}^{n+1} \varphi(\omega_k) = s\right] F_{n+1}(s)$$

Or d'après l'hypothèse sur μ :

$$\mu\left(\varphi(\omega_{n+1}) = s-t \;\Big|\; \sum_{k=1}^{n+1} \varphi(\omega_k) = s\right) = Z_{n+1}^{-1}(\varphi, s) \sum_{x_1 \ldots x_n \in A_{s,t}} \left(\prod_{i=1}^{n+1} p(x_i)\right)$$

où $A_{s,t} = \left[x_1, \dots x_n \; ; \; \sum_{j=1}^{n} \varphi(x_j) = t \; , \; \varphi(x_{n+1}) = s-t\right]$.

Par suite on a

$$\mu \left[\varphi(\omega_{n+1}) = s-t \mid \sum_{k=1}^{n+1} \varphi(\omega_k) = s\right] = \frac{Z_n(\varphi, t)}{Z_{n+1}(\varphi, s)} \; q(s-t),$$

si $q(s-t) = \sum_{x : \varphi(x) = s-t} p(x)$.

Donc $F_n(t) = \sum_{s \in S} q(s-t) \dfrac{Z_n(\varphi, t)}{Z_{n+1}(\varphi, s)}$.

En posant $G_n(t) = \dfrac{F_n(t)}{Z_n(\varphi, t)}$, $G_n(t)$ vérifie donc

$$G_n(t) = \sum_s q(s-t) \, G_{n+1}(s)$$

Les solutions de l'équation $G_n(t) = \sum_s q(s-t) \, G_{n+1}(s)$ sont des combinaisons convexes de solutions extrêmales $a^n e^{bt}$ avec $a = (\sum_s q(s) \, e^{bs})^{-1}$.

D'où $G_n(t) = \dfrac{e^{bt}}{(\sum_s q(s) \, e^{bs})^n} \, dM(b)$.

Mais $\mu \left[\omega_1 = x_1, \dots, \omega_n = x_n\right] = \dfrac{F_n(\sum_{j=1}^{n} \varphi(\omega_j))}{Z_n(\varphi, s)} \displaystyle\prod_{k=1}^{n} p(x_k)$

$$= G_n(\sum_j \varphi(\omega_j)) \prod_{k=1}^{n} p(x_k)$$

$$= \int dM(b) \frac{\prod_{k=1}^{n} e^{b\varphi(x_k)} \, p(x_k)}{\left[\sum_x p(x) \; e^{b\varphi(x)}\right]^n}$$

$$= \int dM(b) \, \nu_b \left[\omega_1 = x_1, \dots, \omega_n = x_n\right]$$ c.q.f.d.

Donc nous avons vu que le théorème 3 est lié à la frontière de Martin d'un processus de Markov associé. Un travail récent de P. Martin Löf [32] donne l'espoir que c'est ainsi aussi dans le cas des théorèmes généraux qui expriment l'équivalence des ensembles.

CHAPITRE VI

EVOLUTIONS TEMPORELLES

Dans les chapitres précédents nous avons étudié des mesures décrivant la configuration à l'équilibre d'un système de particules. Nous considérons maintenant des évolutions markoviennes de ces systèmes. Nous nous intéresserons plus particulièrement à celles pour lesquelles les états de Gibbs sont des états d'équilibre i.e. les mesures de Gibbs sont invariantes.

Nous introduisons deux types d'évolution dans les deux cas d'un espace de phase fini (VI-2) puis dénombrable (VI-3).

1 - Rappels sur les processus de Markov à valeurs dans un ensemble fini

Soit Γ un ensemble fini dont les éléments sont notés A, B, C. Un semi-groupe fortement continu de noyaux markoviens sur Γ est défini par une famille $(P_t)_{t \geq 0}$ de matrices telle que :

$$P_t \times P_s = P_{t+s} \qquad P_t\,(A, B) \geq 0$$

$$P_0\,(A, B) = \delta_{A,B} \qquad \sum_{B \in \Gamma} P_t\,(A, B) = 1$$

l'application $t \rightsquigarrow P_t\,(A, B)$ est continue en 0.

Dans la suite tous les semi-groupes considérés seront de ce type. Nous avons la caractérisation suivante :

Théorème 1

Pour qu'une famille $(P_t)_{t\geq 0}$ *de matrices soit un semi-groupe il faut et il suffit que pour tout* $t \geq 0$

$$P^t = \exp t\,G = \sum_{n=0}^{\infty} \frac{t^n}{n!} G^n$$

où $G = [G(A, B)]$ *est une matrice satisfaisant à :*

$$G(A, B) \geq 0 \text{ si } A \neq B \text{ et } \sum_B G(A, B) = 0 \text{ pour tout } A \in \Gamma .$$

G est appelé ***générateur*** *du semi-groupe* (P_t).

Remarquons que, puisque

$$\lim_{t \downarrow 0} \frac{1}{t} P_t(A, B) = G(A, B) \text{ pour } A \neq B ,$$

G (A, B) dt décrit l'évolution du processus dans l'intervalle de temps (0,dt).

Définition

Soit (P_t) un semi-groupe de générateur G, on dit que (P_t) ou G est irréductible si :

pour tout A, B $\in \Gamma$ il existe une suite $(A_k)_{k=1}^n$, $A_k \in \Gamma$ telle que

$$G(A, A_1) \cdot G(A_1, A_2) \ldots G(A_{n-1}, A_n) \cdot G(A_n, B) \neq 0.$$

Concernant l'invariance des probabilités pour le semi-groupe (P_t) de générateur G nous avons le

Théorème 2

(a) Pour que la probabilité μ *sur* Γ *soit invariante pour* (P_t) *il faut et il suffit que* $\mu G = 0$

(b) Supposons G irréductible alors

i) pour tout $t > 0$ *et tout* $A, B \in \Gamma$, $P_t(A, B) > 0$,

ii) il existe une et une seule probabilité invariante μ *et, pour tout* $A, B \in \Gamma$,

$$\lim_{t \to +\infty} P_t(A, B) = \mu(B) > 0$$

Démonstration

Nous prouvons seulement que pour toute probabilité ν sur Γ

$$\lim_{t \to +\infty} \nu P_t = \mu$$

Pour toute probabilité λ sur Γ on pose

$$F(\lambda) = \sum_{A \in \Gamma} \lambda(A) \operatorname{Log} \frac{\lambda(A)}{\mu(A)}$$

avec la convention $0 \operatorname{Log} 0 = 0$. Si $\nu_t = \nu P_t$, $F(\nu_t)$ est dérivable et

$$\frac{dF(\nu_t)}{dt} = \sum_{A \in \Gamma} \frac{d\nu_t(A)}{dt} \operatorname{Log} \frac{\nu_t(A)}{\mu(A)}$$

$$= \sum_{A, B \in \Gamma} \nu_t(B)\, G(B, A) \operatorname{Log} \frac{\nu_t(A)}{\mu(A)},$$

puisque $\frac{d\nu_t}{dt} = \nu_t G$. Utilisant $G 1 = 0$ et $\mu G = 0$, il vient :

$$\frac{dF(\nu_t)}{dt} = \sum_{A \in \Gamma} \left[\sum_{B \in \Gamma} \{ z(A,B) - z(A,B) \operatorname{Log} z(A,B) - 1 \} G(B,A) \frac{\mu(B)}{\mu(A)} \nu_t(A) \right]$$

en posant :

$$z(A, B) = \frac{\nu_t(B)\, \mu(A)}{\nu_t(A)\, \mu(B)} .$$

D'après l'inégalité $x-1 \leq x \log x$ si $x \geq 0$, nous avons $\frac{dF(\nu_t)}{dt} \leq 0$, avec égalité si et seulement si $z(A, B) = 1$ pour tout couple (A, B), $A \neq B$ pour lequel $G(B, A) \neq 0$. Supposons $\nu_{t_o} \neq \mu$, $\frac{\nu_{t_o}(A)}{\mu(A)}$ prend au moins deux valeurs distinctes ; posons $U_k = \left\{A : \frac{\nu_{t_o}}{\mu(A)} = a_k\right\}$. Puisque G est irréductible il existe i et j, $A_i \in U_i$ et $A_j \in U_j$ tels que $G(A_i, A_j) > 0$, par suite $\frac{dF(\nu_t)}{dt}(t_o) \neq 0$.

Nous avons prouvé que $\frac{dF(\nu_t)}{dt} \leq 0$ avec égalité seulement aux points où $\nu_t = \mu$. Pour établir la convergence des ν_t vers μ, il suffit de prouver que, si λ est la limite d'une suite ν_{t_n}, $\lambda = \mu$. Soit $c = \inf_t F(\nu_t) > -\infty$, d'après la décroissance et la continuité de $F(\nu_t)$ on peut écrire pour tout $t > 0$, $\lim_n F(\nu_{t_n + t}) = F(\lambda P_t) = 0$; par suite $\frac{dF(\lambda P_t)}{dt} = 0$ et $\lambda = \mu$.

Rappelons enfin la notion de réversibilité :

Définition

Un processus stationnaire $(X_t)_{t \in \mathbb{R}}$ est dit réversible si les processus $(X_t)_{t \in \mathbb{R}}$ et $(X_{-t})_{t \in \mathbb{R}}$ ont les mêmes lois.

Théorème 3

Un processus de Markov stationnaire défini par le sous-groupe (P_t) et la mesure invariante μ est réversible si :

(R) pour tout $A, B \in \Gamma$, $\mu(A) \cdot G(A, B) = \mu(B) \cdot G(B, A)$.

Réciproquement si la condition (R) est satisfaite μ est invariante pour (P_t) et le processus stationnaire correspondant est réversible.

2 - Cas d'un espace de phase fini

Λ désigne un ensemble fini et l'on pose $\Gamma = 2^\Lambda$

Chaque point de Λ est occupé par au plus une particule de sorte que la situation du système est décrite par un élément de Γ.

Intéraction (I) - Spin flip ou processus de naissance et mort

On donne pour tout $A \in \Gamma$ et tout $x \notin A$ deux réels > 0, $\beta(x, A)$, $\delta(x,A)$

Définition

On appelle processus de naissance et mort un processus de Markov sur Γ associé au générateur G défini par :

$G(A, A \cup x) = \beta(x, A)$, si $x \notin A$,

$G(A \cup x, A) = \delta(x, A)$, si $x \notin A$,

$G(A, B) = 0$ dans tous les autres cas, lorsque $A \neq B$,

$$G(A, A) = - \sum_{B \neq A} G(A, B) .$$

Cette évolution répond à la description intuitive suivante :

(i) Si A est la configuration du système à l'instant t, $\beta(x, A)\,dt$ est la probabilité de naissance d'une particule au point $x \notin A$ entre t et t + dt, $\delta(x, A \setminus x)\,dt$ est la probabilité de mort entre t et t + dt de la particule qui se trouve en $x \in A$.

(ii) on a au plus une naissance ou une mort entre t et t + dt.

Interaction (II) - Processus de saut avec exclusion

On donne une matrice stochastique irréductible $[p(x, y)]_{x,y \in \Lambda}$, et pour tout $A \in \Gamma$ et $x \notin A$, un réel strictement positif $c(x, A)$.

Définition

On appelle processus de saut avec exclusion un processus de Markov sur Γ associé au générateur G défini par :

$$G(A \cup x, A \cup y) = c(x, A)\, p(x, y), \text{ si } x, y \notin A,$$

$$G(A, B) = 0 \text{ dans tous les autres cas, lorsque } A \neq B,$$

$$G(A, A) = - \sum_{B \neq A} G(A, B).$$

La description intuitive de cette évolution est la suivante :

(i) si A est la configuration à l'instant t, dans l'intervalle de temps t, t+dt la particule située en $x \in A$ saute avec la probabilité $c(x, A \setminus x)\, dt$, la distribution des sauts étant $p(x, y)$, $y \notin A$.

(ii) il y a au plus un saut dans l'intervalle t, t + dt.

Etude de la réversibilité de (I)

Nous supposons maintenant que Λ est un graphe fini satisfaisant aux hypothèses de Grimmett dont nous reprenons les notations.

On considère des processus de naissance et mort associés à des fonctions $\beta(x, A)$ et $\delta(x, A)$ ayant la propriété :

$$(L) \quad \begin{aligned} \beta(x, A) &= \beta(x, A \cap \partial x) \\ \delta(x, A) &= \delta(x, A \cap \partial x) \end{aligned}$$

Théorème 4

Pour un processus de naissance et mort satisfaisant à (L), les conditions suivantes sont équivalentes :

(i) μ *est un équilibre réversible*

(ii) μ *est l'état de Gibbs associé au potentiel V et*

$$\frac{\beta(x,A)}{\delta(x,A)} = \exp \sum_{\substack{S \in \Sigma \\ x \in S \subset A \cup x}} V(S)$$

Démonstration

Remarquons que la condition (R) du théorème 3 s'écrit ici : pour tout

$$A \in \Gamma \quad \text{et } x \notin A \,, \quad \frac{\beta\,(x,\,A)}{\delta\,(x,\,A)} = \frac{\mu\,(A \cup x)}{\mu\,(A)} \quad .$$

Supposons (i) vérifié ; d'après l'hypothèse (L) et la relation précédente, $\frac{\mu\,(A \cup x)}{\mu\,(A)}$ ne dépend que de $A \cap \partial x$, donc μ est un état de Gibbs au sens de Grimmett et il existe un potentiel V tel que

$$A \in \Gamma \,,\ \mu\,(A) = \mu\,(\emptyset)\ \exp \sum_{S \in \Sigma\,,\ S \subset A} V\,(S)$$

il vient alors

$$\frac{\beta\,(x,A)}{\delta\,(x,A)} = \frac{\mu\,(A \cup x)}{\mu\,(A)} = \exp \left\{ \sum_{S \subset A \cup x} V\,(S) - \sum_{S \subset A} V\,(S) = \exp \sum_{\substack{S \in \Sigma \\ x \in S \subset A \cup x}} V(S) \right.$$

La réciproque est immédiate.

Nous montrons maintenant sur un exemple comment l'hypothèse de réversibilité permet de réduire les paramètres de l'interaction (Interaction (I)). Soit N entier et $\Lambda = \mathbb{Z} / N$, c'est-à-dire les entiers mod N.

On suppose que

$$\beta\,(x,\,A) = \beta_k \,,\ \delta\,(x,\,A) = \delta_k \quad \text{lorsque} \quad |A \cap \partial x| = k,$$

l'interaction dépend donc de 6 paramètres.

Faisons l'hypothèse de réversibilité. Le théorème précédent implique qu'il existe une fonction réelle V sur Σ telle que :

$$V\,(S) = \begin{cases} \alpha & \text{si } |S| = 1 \\ \gamma & \text{si } |S| = 2 \\ 0 & \text{dans tous les autres cas} \end{cases}$$

et $\dfrac{\beta_k}{\delta_k} = \exp\,(\alpha + k\gamma),\ k = 0,\ 1,\ 2.$

Le nombre de paramètres est donc réduit à 2.

Un théorème de Holley pour (I)

Nous revenons au cas d'une intéraction (I) sur un espace de phase Λ fini quelconque.

Théorème 5 [16]

Soit G_1 et G_2 les générateurs de deux processus de naissance et mort, (P_t^1), (P_t^2) les semi-groupes associés. On suppose satisfaites les hypothèses

(H_1) *si* $x \in A_2 \subset A_1$, $G_1(A_1, A_2 \setminus x) \leq G_2(A_2, A_2 \setminus x)$,

(H_2) *si* $A_2 \subset A_1$ *et si* $x \notin A_1$, $G_1(A_1, A_2 \cup x) \geq G_2(A_2, A_2 \cup x)$,

alors si $A_2 \subset A_1$ *et si f est une fonction réelle croissante sur* $\Gamma = 2^\Lambda$

$$P_t^2 f(A_2) \leq P_t^1 f(A_1),$$

en particulier pour $C \in \Gamma$,

$$\sum_{B, B \supset C} P_t^2 (A_2, B) \leq \sum_{B, B \supset C} P_t^1 (A_1, B).$$

Démonstration :

Le point important de cette preuve est la construction sur $\Gamma \times \Gamma$ d'un processus de Markov, associé au sous groupe (P_t) de générateur G, dont la projection sur le premier (resp. second) facteur est un processus de Markov associé au semi groupe (P_t^1) (resp. (P_t^2)) (couplage des deux processus).

Les éléments du premier facteur (resp. second) sont affectés des indices 1 (resp. 2).

On définit G par :

$x \in A_1 \cap A_2$ (1) $G(A_1, A_2 ; A_1 \setminus x, A_2 \setminus x) = \min\limits_{i=1,2} G_i(A_i, A_i \setminus x)$

((2) $G(A_1, A_2 ; A_1 \setminus x, A_2) = G_1(A_1, A_1 \setminus x) - G(A_1, A_2 ; A_1 \setminus x, A_2 \setminus x)$

(3) $G(A_1, A_2 ; A_1, A_2 \setminus x) = G_2(A_2, A_2 \setminus x) - G(A_1, A_2 ; A_1 \setminus x, A_2 \setminus x)$

$x \notin A_1$ et $x \notin A_2$ (4) $G(A_1, A_2 ; A_1 \cup x, A_2 \cup x) = \min\limits_{i=1,2} G_i(A_i, A_i \cup x)$

(5) $G(A_1, A_2 ; A_1 \cup x, A_2) = G_1(A_1, A_1 \cup x) - G(A_1, A_2 ; A_1 \cup x, A_2 \cup x)$

(6) $G(A_1, A_2 ; A_1, A_2 \cup x) = G_2(A_2, A_2 \cup x) - G(A_1, A_2 ; A_1 \cup x, A_2 \cup x)$

$x \in A_1 \setminus A_2$ (7) $G(A_1, A_2 ; A_1 \setminus x, A_2) = G_1(A_1, A_1 \setminus x)$

(8) $G(A_1, A_2 ; A_1, A_2 \cup x) = G_2(A_2, A_2 \cup x)$

$x \in A_2 \setminus A_1$ (9) $G(A_1, A_2 ; A_1, A_2 \setminus x) = G_2(A_2, A_2 \setminus x)$

(10) $G(A_1, A_2 ; A_1 \cup x, A_2) = G_1(A_1, A_1 \cup x)$

$$\sum_{B_1, B_2} G(A_1, A_2 ; B_1, B_2) = 0$$

Nous établissons deux propriétés du semi-groupe (P_t).

(a) Pour $t \geq 0$ $\quad \sum_{B_j} P_t (A_1, A_2 ; B_1, B_2) = P_t^i (A_i, B_i) \; i,j = 1,2, i \neq j$

Considérons le cas $i = 1$, $j = 2$; il suffit de prouver que

$$(11) \qquad \sum_{B_2} G^n (A_1, A_2 ; B_1, B_2) = G_1^n (A_1, B_1)$$

Lorsque $n = 1$, cette relation résulte immédiatement de la définition de G : par exemple si $x \in A_1 \cap A_2$ et $B_1 = A_1 \setminus x$, (11) est la somme termes à termes de (1) et (2). On termine par récurrence sur n.

(b) Si $A_1 \supset A_2$ et $B_1 \not\supset B_2$ $\qquad P_t (A_1, A_2 ; B_1, B_2) = 0$

On procède comme pour (a). La condition

$A_1 \supset A_2$ et $B_1 \not\supset B_2$ implique $G (A_1, A_2 ; B_1, B_2) = 0$ et

équivaut à :

si $x \in A_2 \subset A_1$ $\qquad G (A_1, A_2 ; A_1 \setminus x, A_2) = 0$

si $x \notin A_1, A_2 \subset A_1$ $\qquad G (A_1, A_2 ; A_1, A_2 \cup x) = 0$

la première résulte de (2) et de (H1), la seconde de (6) et de (H2).

Soit maintenant f une fonction réelle croissante sur . Pour $A_1 \supset A_2$ utilisant successivement (a), (b), la croissance de f, (b) et (a) il vient :

$$P_t^1 f (A_1) = \sum_{B_1} P_t^1 (A_1, B_1) f (B_1) = \sum_{B_1, B_2} P_t (A_1, A_2 ; B_1, B_2) f (B_1)$$

$$= \sum_{\substack{B_1, B_2 \\ B_1 \supset B_2}} P_t (A_1, A_2 ; B_1, B_2) f (B_2) \geq \sum_{\substack{B_1, B_2 \\ B_1 \supset B_2}} P_t (A_1, A_2 ; B_1, B_2) f(B_2)$$

$$= \sum_{B_1, B_2} P_t (A_1, A_2 ; B_1, B_2) f(B_2) = \sum_{B_2} P_t^2 (A_2, B_2) f(B_2) = P_t^2 f(A_2).$$

Soit $C \in \Gamma$; appliquant le résultat ci-dessus à la fonction f définie par :

$f (A) = 1$ si $A \supset C$, $f (A) = 0$ si $A \not\supset C$ on obtient la dernière assertion du théorème.

Corollaire (inégalité de Griffiths-Holley)

Soient μ_1 et μ_2 deux densités de probabilités strictement positives sur telles que :

$$A, B \in \Gamma\ ,\ \mu_1 (A \cup B)\ \mu_2 (A \cap B) \geq \mu_1 (A)\ \mu_2 (B).$$

Si f est une fonction réelle croissante sur Γ

$$\sum_A f (A)\ \mu_1 (A) \geq \sum_A f (A)\ \mu_2 (A).$$

Démonstration

On associe aux fonctions μ_i , i = 1, 2 les générateurs G_i, i = 1, 2 définis par :

$$\text{Si } x \in A,\ G_i (A, A \setminus x) = \left(\frac{\mu_i (A \setminus x)}{\mu_i(A)} \right)^{1/2}$$

$$\text{et si } x \notin A,\ G_i (A, A \cup x) = \left(\frac{\mu_i (A \cup x)}{\mu_i(A)} \right)^{/12}.$$

Les hypothèses H1 et H2 s'écrivent respectivement

$$x \in A_2 \subset A_1\ ,\ \mu_1 (A_1)\ \mu_2 (A_2 \setminus x) \geq \mu_1 (A_1 \setminus x)\ \mu_2 (A_2)$$

$$A_2 \subset A_1,\ x \notin A_1\ ,\ \mu_1 (A_1 \cup x)\ \mu_2 (A_2) \geq \mu_1 (A_1)\ \mu_2 (A_2 \cup x)$$

et sont donc satisfaites. Il vient

$$A \in \Gamma\ ,\ \sum_B P_t^1 (A, B)\ f (B) \geq \sum_B P_t^2 (A, B)\ f (B)$$

Puisqu'il est clair que μ_i est un équilibre (réversible) pour (P_t^i), le corollaire est établi par passage à la limite en t dans l'inégalité précédente (cf théorème 2).

3 - Cas d'un espace de phase infini

Λ est un ensemble infini dénombrable.

$\Omega = \{0, 1\}^\Lambda$, Ω est compact pour la topologie produit

$C(\Omega)$ est l'espace des fonctions continues sur Ω

$\mathfrak{F}$ est le sous-espace des fonctions sur Ω ne dépendant que d'un nombre fini de coordonnées, $\mathfrak{F}$ est dense dans $C(\Omega)$.

La généralisation des interactions (I) et (II) au cas $|\Lambda| = +\infty$ amène à considérer des opérateurs définis sur $\mathfrak{F}$.

Pour l'interaction (I)

$f \in \mathfrak{F}$, $A \in \Omega$

$$G f(A) = \sum_{x \notin A} \beta(x, A) \left[f(A \cup x) - f(A)\right] + \sum_{x \in A} \delta(x, A \setminus x) \left[f(A \setminus x) - f(A)\right]$$

où β et δ sont des fonctions positives.

Pour l'interaction (II)

$f \in \mathfrak{F}$, $A \in \Omega$

$$G f(A) = \sum_{x \in A,\, y \notin A} c(x, A)\, p(x, y) \left[f((A \setminus x) \cup y) - f(A)\right]$$

où p est une matrice stochastique sur Λ et c une fonction positive.

Liggett [18] et Holley [17] ont prouvé que, sous des hypothèses physiquement naturelles, ces opérateurs déterminent de façon unique des semi-groupes de Feller sur Ω.

Nous examinons maintenant lorsque $\Lambda = \mathbb{Z}_\nu$ les problèmes liés à l'existence d'états d'équilibres.

Interaction (I)

On suppose

$$\text{(L)} \quad \begin{aligned} &\beta(x, A) = \beta(x, A \cap \partial x) > 0, \ \delta(x, A) = \delta(x, A \cap \partial x) > 0, \\ &\beta(x, A) = \beta(x+z, A+z), \ \delta(x, A) = \delta(x+z, A+z) \text{ pour } z \in \mathbb{Z}_\nu \end{aligned}$$

généralisant le théorème 5 nous avons :

Théorème 6 (Logan) [19]

μ est un équilibre réversible pour (I) si, et seulement si, il existe un potentiel local U tel que $\mu \in \mathcal{G}_U$ *et*

$$(*) \quad \text{pour } x \notin A \quad \frac{\beta(x,A)}{\delta(x,A)} = \exp - \frac{1}{2} \left[U(A \cup x) - U(A)\right]$$

Si (*) n'est pas vérifiée on sait très peu de choses sur les mesures invariantes pour (I). Les meilleurs résultats sont dus à T. Harris [22].

Supposons * vérifiée, deux questions se posent :

Q_1 les éléments $\mu \in \mathcal{G}_U$ sont-ils les seules probabilités invariantes ?

Q_2 si $\mathcal{G}_U = \{\mu\}$ a-t-on

$$\lim_{t \to +\infty} \nu P_t = \mu$$

pour toute probabilité ν sur Ω ?

Des réponses affirmatives ont été données par Dobrushin [20] dans le cas d'interactions faibles, par Holley [16] dans le cas où le potentiel U est isotrope et attractif en utilisant une méthode de couplage analogue à celle utilisée dans la preuve du théorème 5, et dans le cas où les mesures d'équilibre sont invariantes par translation en généralisant la méthode du théorème 2 (b.ii) [21]. En revanche on ne sait pas la réponse à Q_1 et Q_2 dans le cas d'un potentiel répulsif même lorsque $\nu = 1$.

Pour l'interaction (II) sur $\mathbb{Z}_\nu$, les derniers résultats sont dans [23, 24 25, 33]. Ils sont assez complets dans le cas où P (x, y) = P (y, x), et la vitesse des sauts c (x, A) = constante.

Pour une introduction à d'autres évolutions temporelles markoviennes des systèmes finis ou infinis de particules, consultez [26].

CHAPITRE VII

CHAMPS DE MARKOV GAUSSIENS

Soit $(\xi(x)\ ;\ x \in \mathbb{Z}_\nu)$ une famille de variables aléatoires réelles gaussiennes centrées et $R(x, y) = E\left[\xi(x)\,\xi(y)\right]$ $x, y \in \mathbb{Z}_\nu$ la fonction de covariance.

Définition

$(\xi(x)\ ;\ x \in \mathbb{Z}_\nu)$ est un champ de Markov gaussien (notation C.M.G.) si :

(a) il est isotrope et invariant par translation, i.e. $R(x, y) = R(0, y-x)$ et $R(0, x)$ est invariant dans toute permutation des coordonnées de x.

(b) il a la propriété de Markov, i.e. la distribution de $\xi(x)$ conditionnelle à la connaissance de $\xi(.)$ sur un ensemble de $\mathbb{Z}_\nu \setminus \{x\}$, contenant ∂x, ne dépend que des valeurs de $\xi(.)$ sur ∂x.

(c) ξ est non singulier : si H désigne l'espace de Hilbert engendré par les $\{\xi(x)\ ;\ x \in \mathbb{Z}_\nu\}$ et H_Λ le sous-espace engendré par les $\{\xi(x)\ ;\ x \in \Lambda^c\}$, $H_\infty = \bigcap_\Lambda H_\Lambda \neq H$.

La caractérisation ci-dessous des covariances de C.M.G. suit Rozanov [27] avec les améliorations dues à Loren Pitt.

Théorème 1

$\{\xi(x)\ ;\ x \in \mathbb{Z}_\nu\}$ est un C.M.G. si et seulement si sa covariance est de la forme :

$$(1) \quad R(x, y) = A \sum_{n=0}^{+\infty} t^n P^n(x, y)$$

où : $A > 0$ est une constante,

$t \in]-1, +1[$ en dimension $\nu = 1$ ou 2,

$t \in [-1, +1]$ en dimension $\nu \geq 3$,

P^n est le $n^{ième}$ itéré du noyau

$$P(x, y) = \begin{cases} \frac{1}{2\nu} & si\ |x-y| = 1 \\ 0 & sinon \end{cases}$$

Démonstration

(a) et (b) montrent que l'espérance de ξ (o) conditionnelle à ξ (x) pour $x \neq 0$ doit être de la forme : $\frac{t}{2\nu} \sum_{|y|=1} \xi(y)$; on doit alors avoir

$\xi(o) - \frac{t}{2\nu} \sum_{y=1} \xi(y)$ orthogonal à $\xi(x)$, $\forall x \neq 0$ et en notant

$r(x) = R(o, x)$.

$$(2) \qquad r(x) - \frac{t}{2\nu} \sum_{|y|=1} r(x+y) = 0 \quad , \quad \forall x \neq 0 .$$

Pour résoudre l'équation (2) on remarque que, d'après le théorème de Bochner, $r(.)$ a une représentation de la forme $r(x) = \int_T e^{ix\theta} \mu(d\theta)$ et que l'on a :

$$(3) \qquad \int_T e^{ix\theta} \left[1 - \frac{t}{2\nu} \sum_{|y|=1} e^{iy\theta}\right] \mu(d\theta) = 0 \text{ pour } x \neq 0 .$$

En posant $p_t(\theta) = 1 - \frac{t}{2\nu} \sum_{|y|=1} e^{iy\theta}$ et $\nu(d\theta) = p_t(\theta)\, \mu(d\theta)$

(3) implique que la mesure ν a tous ses coefficients de Fourier nuls à l'exception du coefficient d'ordre 0 et par suite que ν est un multiple de la mesure de Lebesgue : $\nu(d\theta) = \lambda\, d\theta$. Deux cas se présentent :

(I) Si $\lambda \neq 0$, la relation $p_t(\theta)\, \mu(d\theta) = \lambda\, d\theta$ montre que μ est absolument continue, de densité $\frac{d\mu}{d\theta} = \frac{\lambda}{p_t(\theta)}$.

L'intégrabilité exige que t satisfasse aux hypothèses du théorème 1 et la relation (1) découle immédiatement du fait que :

$$\int_T e^{ix\theta} \sum_{n=0}^{+\infty} t^n P^n (0, x)\, dx = \frac{1}{1 - \frac{t}{2\nu} \sum_{|y|=1} e^{iy\theta}}$$

(II) Si $\lambda = 0$, nous devons montrer que la condition (c) exclut la possibilité pour μ d'être concentrée sur les zéros de p_t (θ). D'après le théorème de Bochner on a une isométrie entre H et L^2 $(d\mu)$ telle que :

$$\xi (x) \longleftrightarrow e^{i\theta x} \quad \text{et } E (\eta_1 \bar{\eta}_2) = \int_T f_1 (\theta) \overline{f_2 (\theta)} \mu (d\theta) \text{ si } \eta_1 \longleftrightarrow f_1 .$$

Mais la condition (c) implique qu'il existe dans H un élément $\eta \neq 0$ avec $\eta \notin H_\infty$, et donc un ensemble fini Λ tel que $\eta \notin H_\Lambda$. Alors il existe $\eta' \neq 0$ dans H orthogonal à H_Λ ; son image f par l'isométrie ci-dessus vérifie :

$$f \neq 0, \ f \in L^2 (d\mu), \ f \perp e^{ix\theta}, \ \forall x \in \Lambda^c, \text{ donc}$$

$$\int_T f (\theta)\, e^{-ix\theta} \mu (d\theta) = 0 \quad , \forall x \in \Lambda^c .$$

Posons $f (\theta) \mu (d\theta) = \nu (d\theta)$, alors $\hat{\nu} (x) = 0$, $\forall x \in \Lambda^c$, et par suite $\nu (d\theta) = \sum_{x \in \Lambda} \hat{\nu} (x)\, e^{ix\theta} = p (\theta)\, d\theta$ où $p (\theta)$ est un polynôme trigonométrique.

Finalement $f (\theta) \mu (d\theta) = p (\theta)\, d\theta$ et μ est absolument continue ce qui fournit une contradiction.

Ainsi tout C.M.G. satisfait à (1) et la réciproque est évidente.

Nous considérons maintenant un C.M.G. $(\xi (x) \ ; x \in \mathbb{Z}_\nu)$ fixé et sa fonction de covariance donnée par (1) ; nous supposons pour simplifier A = 1. On se propose de déterminer la distribution conditionnelle pour $x \in \Lambda$ connaissant $\xi (.)$ sur Λ^c ; nous montrerons, et d'une façon très intéressante, qu'elle ne dépend que des valeurs de ξ sur $\partial\Lambda$.

Il suffit de calculer :

$$M_\xi (x) = E \left[\xi (x) \middle| \ \xi (.) \text{ sur } \Lambda^c\right] \quad ; \ x \in \Lambda$$

et

$$\mathrm{Cov}_\xi\,(x,y) = E\left[(\xi\,(x)-M_\xi(x))\,(\xi(y)-M_\xi(y)) \mid \xi\,(.)\ \text{sur}\ \Lambda^c\right] \;;\; x,y\in\Lambda$$

Nous verrons que ces quantités sont liées à la mesure harmonique et à la fonction de Green d'un certain problème de Dirichlet.

Considérons la marche aléatoire (x_n) sur $\mathbb{Z}_\nu$ de noyau P (x, y) et soit $T_{\partial\Lambda}$ le temps d'entrée dans $\partial\Lambda$, nous posons :

$$H_\Lambda\,(x,y) = \sum_{n=0}^{+\infty} t^n\, P^x\left[T_{\partial\Lambda} = n,\ x_n = y\right] \qquad x\in\Lambda\,,\ y\in\partial\Lambda\,,$$

$$g_\Lambda\,(x,y) = \sum_{n=0}^{+\infty} t^n\, P^x\left[T_{\partial\Lambda} > n,\ x_n = y\right] \qquad x\in\Lambda\,,\ y\in\Lambda.$$

Théorème 2

Pour tout ensemble fini $\Lambda \subset \mathbb{Z}_\nu$:

(a) $M_\xi\,(x) = \sum_{y\,\in\,\partial\Lambda} H_\Lambda\,(x,y)\,\xi\,(y)$, $\quad x\in\Lambda$,

(b) $\mathrm{Cov}_\xi\,(x,y) = g_\Lambda\,(x,y)$, $\quad x\in\Lambda,\ y\in\Lambda$.

Démonstration

(a) l'espérance conditionnelle M_ξ (x) est caractérisée par :

$$\xi\,(x) - M_\xi\,(x) \perp \xi\,(z) \qquad \forall\, z \in \Lambda^c\;;$$

il suffit de vérifier que

$$R\,(x,z) - \sum_{y\in\partial\Lambda} H_\Lambda\,(x,y)\,R\,(y,z) = 0 \qquad \forall x\in\Lambda\ \text{ et }\ \forall z\in\Lambda^c\;;$$

mais c'est une conséquence immédiate de la propriété de Markov de la marche aléatoire (x_n).

(b) Il est bien connu que la covariance conditionnelle ne dépend pas du conditionnement ; alors :

$$\mathrm{Cov}_\xi\,(x,y) = E\left\{\left[\xi\,(x) - M_\xi\,(x)\right]\left[\xi\,(y) - M_\xi\,(y)\right]\right\}$$
$$= R\,(x,y) - E\,(M_\xi\,(x)\,M_\xi\,(y))$$

$$= R(x,y) - E \sum_u \sum_v H_\Lambda(x,u)\, H_\Lambda(y,v)\, \xi(u)\, \xi(v)$$

$$= R(x,y) - \sum_{u \in \partial\Lambda} \sum_{v \in \partial\Lambda} H_\Lambda(x,u)\, H_\Lambda(y,v)\, R(u,v)$$

$$= R(x,y) - \sum_{v \in \partial\Lambda} R(x,v)\, H_\Lambda(y,v)$$

$$= R(y,x) - \sum_{v \in \partial\Lambda} H_\Lambda(y,v)\, R(v,x)$$

$$= g_\Lambda(y,x) = g_\Lambda(x,y)$$

Finalement on peut expliciter la densité conjointe conditionnelle sur Λ, connaissant $\xi(x) = \varphi(x)$ pour $x \in \partial\Lambda$.

Définissons : $\overline{\Lambda} = \Lambda \cup \partial\Lambda$

$$\text{et } \overline{\xi}(x) \begin{cases} \xi(x) & \text{si } x \in \Lambda \\ \varphi(x) & \text{si } x \in \partial\Lambda \end{cases}$$

<u>Théorème 3</u>

La densité conjointe conditionnelle $f : \mathbb{R}^\Lambda \to \mathbb{R}_+$ est donnée par :

$$f(\xi) = Z_\Lambda^{-1}(\varphi)\, \exp\left\{-\frac{1}{2} \sum_{x \in \overline{\Lambda}} \sum_{y \in \overline{\Lambda}} \left[\delta(x,y) - t\, P(x,y)\right] \overline{\xi}(x)\, \overline{\xi}(y)\right\}$$

<u>Démonstration</u>

Il faut montrer que la densité gaussienne ci-dessus a la moyenne et la covariance du théorème 2.

Pour la covariance on peut supposer que la condition de frontière φ est identiquement nulle. On peut écrire la fonction de Green $g_\Lambda(x,y)$ sous la forme :

$$g_\Lambda(x,y) = \sum_{n=0}^{+\infty} t^n P_\Lambda^n(x,y), \qquad x \in \Lambda \qquad y \in \Lambda$$

où P_Λ désigne la restriction de P à Λ ; ce qui montre que la forme quadratique figurant dans la densité f est bien l'inverse de la covariance du théorème 2.

Pour la moyenne on doit vérifier l'égalité de :

$$\sum_{x \in \bar\Lambda} \sum_{y \in \bar\Lambda} \left[\delta(x,y) - t\, P(x,y)\right] \bar\xi(x)\, \bar\xi(y)$$

et de

$$\sum_{x \in \Lambda} \sum_{y \in \Lambda} \left[\delta(x,y) - t\, P(x,y)\right] \left[\xi(x) - M_\varphi(x)\right] \left[\xi(y) - M_\varphi(y)\right] + R(\varphi)$$

où $R(\varphi)$ ne dépend que de la condition de frontière φ ; ce qui se ramène à vérifier :

$$\sum_{x \in \Lambda} \sum_{y \in \partial\Lambda} \left[\delta(x,y) - t\, P(x,y)\right] \xi(x)\, \varphi(y) = - \sum_{x \in \Lambda} \sum_{y \in \Lambda} \left[\delta(x,y) - tP(x,y)\right] \xi(x)\, M_\varphi(y)$$

il suffit donc de montrer que pour chaque $x \in \Lambda$ et chaque $\varphi : \partial\Lambda \to \mathbb{R}$,

$$t \sum_{y \in \partial\Lambda} P(x,y)\, \varphi(y) = \sum_{y \in \Lambda} \left[\delta(x,y) - tP(x,y)\right] M_\varphi(y)$$

Le second membre est :

$$M_\varphi(x) - t \sum_{y \in \Lambda} P(x,y) \sum_{z \in \partial\Lambda} H_\Lambda(y,z)\, \varphi(z) = \sum_{z \in \partial\Lambda} \left[H_\Lambda(x,z) - t \sum_{y \in \Lambda} P(x,y) H_\Lambda(y,z)\right] \varphi(z)$$

La démonstration est terminée en remarquant que la propriété de Markov implique :

$$H_\Lambda(x,z) = tP(x,z) + t \sum_{y \in \Lambda} P(x,y)\, H_\Lambda(y,z) \text{ pour } x \in \Lambda,\ z \in \partial\Lambda.$$

A l'aide des théorèmes 2 et 3 on peut expliquer le phénomène de transition de phase dans le modèle gaussien analysé pour la première fois par Kac et Berlin [28].

Si $\nu \geqslant 3$, pour $t = 1$, on peut ajouter une constante à un C.M.G sans changer les distributions conditionnelles. On obtient ainsi une infinité d'états avec des densités différentes.

Pour $t = -1$ on obtient une transition de phase de type anti feromagnétique.

Si $$\psi(x) = \begin{cases} +1 & \text{si } \sum_i x_i \text{ est pair ,} \\ -1 & \text{si } \sum_i x_i \text{ est impair ,} \end{cases}$$

tous les champs du type $\xi(x) + c\ \psi(x)$ ont les mêmes distributions conditionnelles.

Pour conclure remarquons que les C.M.G. sur $\mathbb{Z}_\nu$ étudiés ci-dessus permettent d'approcher les C.M.G. généralisés sur $\mathbb{R}_\nu$ qui sont à l'heure actuelle d'un grand intérêt dans la théorie des champs quantiques [29], [30]. On sait que les champs sur $\mathbb{R}_\nu$ sont liés au problème de Dirichlet classique (pour le mouvement brownien) de la même façon que nos C.M.G. sont liés au problème de Dirichlet discret pour la marche aléatoire sur $\mathbb{Z}_\nu$.

BIBLIOGRAPHIE

[1] D. RUELLE, Statistical Mechanics, Benjamin, N.Y., 1969
l'édition Russe (Mir, Moscou, 1971) contient un chapitre sur les résultats plus récents par R.L. Dobrushin, R.A. Minlos, et Y.M. Sukhov.)

[2] G. GALLAVOTTI, Instabilities and Phase Transitions in the Ising Model. A Review, Rivista del Nuovo Cimento, 2, 1972.

[3] H.O. GEORGII, Phasenübergang 1. Art bei Gittergasmodellen, 16, Springer Lecture Notes in Physics, 1972 .

[4] R.L. DOBRUSHIN, Existence of Phase Transitions in the Two and Three dimensional Ising Models, Th. Prob. and Appl. 10, 1965.

[5] R.B. GRIFFITHS, Peierl's proof of spontaneous magnetization in a two-dimensional Ising Ferromagnet, Phys. Rev. (2) 136, 1964.

[6] L. ONSAGER, Crystal Statistics I, A two dimensional model with an Order - Disorder transition, Phys. Rev. 65, 1944.

[7] G.R. GRIMMETT, A theorem about Random Fields, Bull. London Math. Soc., 5, 1973.

[8] R.L. DOBRUSHIN, Description of a random field by means of conditional probabilities, Th. Prob. and Appl., 13, 1968.

[9] R.L. DOBRUSHIN, Gibbsian Random Fields for Lattice systems with pair interactions. Funct. An. and Appl. 2, 1968

[10] O.E. LANFORD and D. RUELLE, Observables at infinity and states with short range correlations in Statistical Mechanics, Comm. Math. Phys. 13, 1969.

[11] D. RUELLE, On the use of small external fields etc., Ann. of Phys., 69, 1972.

[12] R.L. DOBRUSHIN, The problem of uniqueness of a Gibbs random field. Funct. An. and Appl., 2, 1968.

[13] R.L. DOBRUSHIN, Coexistence of phases in the three dimensional Ising Model, Th. Prob. and Appl., 17, 1972.

[14] O.E. LANFORD, Entropy and equilibrum states in classical statistical mechanics, in Springer Lecture Notes in Physics, 20, 1973.

[15] R. THOMPSON, Cornell U. Ph. D. Thesis, 1973, to appear in Trans. A.M.S.

[16] R. HOLLEY, Recent results on the stochastic Ising Model, Rocky Mountain Math. J., to appear.

[17] R. HOLLEY, Markovian interaction processes with finite range interactions, Ann. Math. Stat., 43, 1972.

[18] T.M. LIGGETT, Existence theorems for infinite particle systems, Trans. A.M.S., 165, 1972.

[19] K. LOGAN, Cornell U. Ph. D. Thesis, 1974.

[20] R.L. DOBRUSHIN, Markov processes with a large number of locally independent components, Probl. Pered. Inf., 7, 1971.

[21] R. HOLLEY, Free energy in a Markovian model of a lattice spin system, Comm. Math. Phys., 23, 1971.

[22] T. HARRIS, Contact interactions on a lattice, preprint, 1973.

[23] T.M. LIGGETT, A characterization of the invariant measures for an infinite particle system with interactions, Trans. A.M.S., 179, 1973.

[24] T.M. LIGGETT, même sujet, va paraître aussi Trans. A.M.S., 1974.

[25] F. SPITZER, Recurrent random walk of an infinite particle system, à paraître, Trans. A.M.S., 1974.

[26] F. SPITZER, Interactions of Markov processes, Adv. in Math., 5, 1970.

[27] Yu. A. ROZANOV, On Gaussian fields with given conditional distributions, Th. Prob. and its appl. 12, 1967.

[28] T. BERLIN and M. KAC, The spherical model of a ferromagnet, Phys. Rev. 86, 1952.

[29] E. NELSON, Construction of Quantum Fields from Markoff Fields. J. Funct. An., 12, 1973.

[30] E. NELSON, The free Markoff Field, J. Funct. An., 12, 1973.

[31] D.B. ABRAHAM and A. MARTIN-LÖF, The transfer matrix for a pure phase, Comm. Math. Phys., 32, 1973.

[32] P. MARTIN-LÖF, Repetitive structures, preprint, 1973.

[33] T.M. LIGGETT, Convergence to total occupancy in an infinite particle system with interactions

[34] C.J. PRESTON, Gibbs States on Countable Sets, Cambridge University Press, to appear

Vol. 215: P. Antonelli, D. Burghelea and P. J. Kahn, The Concordance-Homotopy Groups of Geometric Automorphism Groups. X, 140 pages. 1971. DM 16,-

Vol. 216: H. Maaß, Siegel's Modular Forms and Dirichlet Series. VII, 328 pages. 1971. DM 20,-

Vol. 217: T. J. Jech, Lectures in Set Theory with Particular Emphasis on the Method of Forcing. V, 137 pages. 1971. DM 16,-

Vol. 218: C. P. Schnorr, Zufälligkeit und Wahrscheinlichkeit. IV, 212 Seiten. 1971. DM 20,-

Vol. 219: N. L. Alling and N. Greenleaf, Foundations of the Theory of Klein Surfaces. IX, 117 pages. 1971. DM 16,-

Vol. 220: W. A. Coppel, Disconjugacy. V, 148 pages. 1971. DM 16,-

Vol. 221: P. Gabriel und F. Ulmer, Lokal präsentierbare Kategorien. V, 200 Seiten. 1971. DM 18,-

Vol. 222: C. Meghea, Compactification des Espaces Harmoniques. III, 108 pages. 1971. DM 16,-

Vol. 223: U. Felgner, Models of ZF-Set Theory. VI, 173 pages. 1971. DM 16,-

Vol. 224: Revètements Etales et Groupe Fondamental. (SGA 1). Dirigé par A. Grothendieck XXII, 447 pages. 1971. DM 30,-

Vol. 225: Théorie des Intersections et Théorème de Riemann-Roch. (SGA 6). Dirigé par P. Berthelot, A. Grothendieck et L. Illusie. XII, 700 pages. 1971. DM 40,-

Vol. 226: Seminar on Potential Theory, II. Edited by H. Bauer. IV, 170 pages. 1971. DM 18,-

Vol. 227: H. L. Montgomery, Topics in Multiplicative Number Theory. IX, 178 pages. 1971. DM 18,-

Vol. 228: Conference on Applications of Numerical Analysis. Edited by J. Ll. Morris. X, 358 pages. 1971. DM 26,-

Vol. 229: J. Väisälä, Lectures on n-Dimensional Quasiconformal Mappings. XIV, 144 pages. 1971. DM 16,-

Vol. 230: L. Waelbroeck, Topological Vector Spaces and Algebras. VII, 158 pages. 1971. DM 16,-

Vol. 231: H. Reiter, L^1-Algebras and Segal Algebras. XI, 113 pages. 1971. DM 16,-

Vol. 232: T. H. Ganelius, Tauberian Remainder Theorems. VI, 75 pages. 1971. DM 16,-

Vol. 233: C. P. Tsokos and W. J. Padgett. Random Integral Equations with Applications to stochastic Systems. VII, 174 pages. 1971. DM 18,-

Vol. 234: A. Andreotti and W. Stoll. Analytic and Algebraic Dependence of Meromorphic Functions. III, 390 pages. 1971. DM 26,-

Vol. 235: Global Differentiable Dynamics. Edited by O. Hájek, A. J. Lohwater, and R. McCann. X, 140 pages. 1971. DM 16,-

Vol. 236: M. Barr, P. A. Grillet, and D. H. van Osdol. Exact Categories and Categories of Sheaves. VII, 239 pages. 1971. DM 20,-

Vol. 237: B. Stenström, Rings and Modules of Quotients. VII, 136 pages. 1971. DM 16,-

Vol. 238: Der kanonische Modul eines Cohen-Macaulay-Rings. Herausgegeben von Jürgen Herzog und Ernst Kunz. VI, 103 Seiten. 1971. DM 16,-

Vol. 239: L. Illusie, Complexe Cotangent et Déformations I. XV, 355 pages. 1971. DM 26,-

Vol. 240: A. Kerber, Representations of Permutation Groups I. VII, 192 pages. 1971. DM 18,-

Vol. 241: S. Kaneyuki, Homogeneous Bounded Domains and Siegel Domains. V, 89 pages. 1971. DM 16,-

Vol. 242: R. R. Coifman et G. Weiss, Analyse Harmonique Non-Commutative sur Certains Espaces. V, 160 pages. 1971. DM 16,-

Vol. 243: Japan-United States Seminar on Ordinary Differential and Functional Equations. Edited by M. Urabe. VIII, 332 pages. 1971. DM 26,-

Vol. 244: Séminaire Bourbaki – vol. 1970/71. Exposés 382–399. IV, 356 pages. 1971. DM 26,-

Vol. 245: D. E. Cohen, Groups of Cohomological Dimension One. V, 99 pages. 1972. DM 16,-

Vol. 246: Lectures on Rings and Modules. Tulane University Ring and Operator Theory Year, 1970–1971. Volume I. X, 661 pages. 1972. DM 40,-

Vol. 247: Lectures on Operator Algebras. Tulane University Ring and Operator Theory Year, 1970–1971. Volume II. XI, 786 pages. 1972. DM 40,-

Vol. 248: Lectures on the Applications of Sheaves to Ring Theory. Tulane University Ring and Operator Theory Year, 1970–1971. Volume III. VIII, 315 pages. 1971. DM 26,-

Vol. 249: Symposium on Algebraic Topology. Edited by P. J. Hilton. VII, 111 pages. 1971. DM 16,-

Vol. 250: B. Jónsson, Topics in Universal Algebra. VI, 220 pages. 1972. DM 20,-

Vol. 251: The Theory of Arithmetic Functions. Edited by A. A. Gioia and D. L. Goldsmith VI, 287 pages. 1972. DM 24,-

Vol. 252: D. A. Stone, Stratified Polyhedra. IX, 193 pages. 1972. DM 18,-

Vol. 253: V. Komkov, Optimal Control Theory for the Damping of Vibrations of Simple Elastic Systems. V, 240 pages. 1972. DM 20,-

Vol. 254: C. U. Jensen, Les Foncteurs Dérivés de $\varprojlim$ et leurs Applications en Théorie des Modules. V, 103 pages. 1972. DM 16,-

Vol. 255: Conference in Mathematical Logic – London '70. Edited by W. Hodges. VIII, 351 pages. 1972. DM 26,-

Vol. 256: C. A. Berenstein and M. A. Dostal, Analytically Uniform Spaces and their Applications to Convolution Equations. VII, 130 pages. 1972. DM 16,-

Vol. 257: R. B. Holmes, A Course on Optimization and Best Approximation. VIII, 233 pages. 1972. DM 20,-

Vol. 258: Séminaire de Probabilités VI. Edited by P. A. Meyer. VI, 253 pages. 1972. DM 22,-

Vol. 259: N. Moulis, Structures de Fredholm sur les Variétés Hilbertiennes. V, 123 pages. 1972. DM 16,-

Vol. 260: R. Godement and H. Jacquet, Zeta Functions of Simple Algebras. IX, 188 pages. 1972. DM 18,-

Vol. 261: A. Guichardet, Symmetric Hilbert Spaces and Related Topics. V, 197 pages. 1972. DM 18,-

Vol. 262: H. G. Zimmer, Computational Problems, Methods, and Results in Algebraic Number Theory. V, 103 pages. 1972. DM 16,-

Vol. 263: T. Parthasarathy, Selection Theorems and their Applications. VII, 101 pages. 1972. DM 16,-

Vol. 264: W. Messing, The Crystals Associated to Barsotti-Tate Groups: With Applications to Abelian Schemes. III, 190 pages. 1972. DM 18,-

Vol. 265: N. Saavedra Rivano, Catégories Tannakiennes. II, 418 pages. 1972. DM 26,-

Vol. 266: Conference on Harmonic Analysis. Edited by D. Gulick and R. L. Lipsman. VI, 323 pages. 1972. DM 24,-

Vol. 267: Numerische Lösung nichtlinearer partieller Differential- und Integro-Differentialgleichungen. Herausgegeben von R. Ansorge und W. Törnig, VI, 339 Seiten. 1972. DM 26,-

Vol. 268: C. G. Simader, On Dirichlet's Boundary Value Problem. IV, 238 pages. 1972. DM 20,-

Vol. 269: Théorie des Topos et Cohomologie Etale des Schémas. (SGA 4). Dirigé par M. Artin, A. Grothendieck et J. L. Verdier. XIX, 525 pages. 1972. DM 50,-

Vol. 270: Théorie des Topos et Cohomologie Etale des Schémas. Tome 2. (SGA 4). Dirigé par M. Artin, A. Grothendieck et J. L. Verdier. V, 418 pages. 1972. DM 50,-

Vol. 271: J. P. May, The Geometry of Iterated Loop Spaces. IX, 175 pages. 1972. DM 18,-

Vol. 272: K. R. Parthasarathy and K. Schmidt, Positive Definite Kernels, Continuous Tensor Products, and Central Limit Theorems of Probability Theory. VI, 107 pages. 1972. DM 16,-

Vol. 273: U. Seip, Kompakt erzeugte Vektorräume und Analysis. IX, 119 Seiten. 1972. DM 16,-

Vol. 274: Toposes, Algebraic Geometry and Logic. Edited by. F. W. Lawvere. VI, 189 pages. 1972. DM 18,-

Vol. 275: Séminaire Pierre Lelong (Analyse) Année 1970–1971. VI, 181 pages. 1972. DM 18,-

Vol. 276: A. Borel, Représentations de Groupes Localement Compacts. V, 98 pages. 1972. DM 16,-

Vol. 277: Séminaire Banach. Edité par C. Houzel. VII, 229 pages. 1972. DM 20,-

Vol. 278: H. Jacquet, Automorphic Forms on GL(2). Part II. XIII, 142 pages. 1972. DM 16,-

Vol. 279: R. Bott, S. Gitler and I. M. James, Lectures on Algebraic and Differential Topology. V, 174 pages. 1972. DM 18,-

Vol. 280: Conference on the Theory of Ordinary and Partial Differential Equations. Edited by W. N. Everitt and B. D. Sleeman. XV, 367 pages. 1972. DM 26,-

Vol. 281: Coherence in Categories. Edited by S. Mac Lane. VII, 235 pages. 1972. DM 20,-

Vol. 282: W. Klingenberg und P. Flaschel, Riemannsche Hilbertmannigfaltigkeiten. Periodische Geodätische. VII, 211 Seiten. 1972. DM 20,-

Vol. 283: L. Illusie, Complexe Cotangent et Déformations II. VII, 304 pages. 1972. DM 24,-

Vol. 284: P. A. Meyer, Martingales and Stochastic Integrals I. VI, 89 pages. 1972. DM 16,-

Vol. 285: P. de la Harpe, Classical Banach-Lie Algebras and Banach-Lie Groups of Operators in Hilbert Space. III, 160 pages. 1972. DM 16,-

Vol. 286: S. Murakami, On Automorphisms of Siegel Domains. V, 95 pages. 1972. DM 16,-

Vol. 287: Hyperfunctions and Pseudo-Differential Equations. Edited by H. Komatsu. VII, 529 pages. 1973. DM 36,-

Vol. 288: Groupes de Monodromie en Géométrie Algébrique. (SGA 7 I). Dirigé par A. Grothendieck. IX, 523 pages. 1972. DM 50,-

Vol. 289: B. Fuglede, Finely Harmonic Functions. III, 188. 1972. DM 18,-

Vol. 290: D. B. Zagier, Equivariant Pontrjagin Classes and Applications to Orbit Spaces. IX, 130 pages. 1972. DM 16,-

Vol. 291: P. Orlik, Seifert Manifolds. VIII, 155 pages. 1972. DM 16,-

Vol. 292: W. D. Wallis, A. P. Street and J. S. Wallis, Combinatorics: Room Squares, Sum-Free Sets, Hadamard Matrices. V, 508 pages. 1972. DM 50,-

Vol. 293: R. A. DeVore, The Approximation of Continuous Functions by Positive Linear Operators. VIII, 289 pages. 1972. DM 24,-

Vol. 294: Stability of Stochastic Dynamical Systems. Edited by R. F. Curtain. IX, 332 pages. 1972. DM 26,-

Vol. 295: C. Dellacherie, Ensembles Analytiques, Capacités, Mesures de Hausdorff. XII, 123 pages. 1972. DM 16,-

Vol. 296: Probability and Information Theory II. Edited by M. Behara, K. Krickeberg and J. Wolfowitz. V, 223 pages. 1973. DM 20,-

Vol. 297: J. Garnett, Analytic Capacity and Measure. IV, 138 pages. 1972. DM 16,-

Vol. 298: Proceedings of the Second Conference on Compact Transformation Groups. Part 1. XIII, 453 pages. 1972. DM 32,-

Vol. 299: Proceedings of the Second Conference on Compact Transformation Groups. Part 2. XIV, 327 pages. 1972. DM 26,-

Vol. 300: P. Eymard, Moyennes Invariantes et Représentations Unitaires. II. 113 pages. 1972. DM 16,-

Vol. 301: F. Pittnauer, Vorlesungen über asymptotische Reihen. VI, 186 Seiten. 1972. DM 18,-

Vol. 302: M. Demazure, Lectures on p-Divisible Groups. V, 98 pages. 1972. DM 16,-

Vol. 303: Graph Theory and Applications. Edited by Y. Alavi, D. R Lick and A. T. White. IX, 329 pages. 1972. DM 26,-

Vol. 304: A. K. Bousfield and D. M. Kan, Homotopy Limits, Completions and Localizations. V, 348 pages. 1972. DM 26,-

Vol. 305: Théorie des Topos et Cohomologie Etale des Schémas. Tome 3. (SGA 4). Dirigé par M. Artin, A. Grothendieck et J. L. Verdier. VI, 640 pages. 1973. DM 50,-

Vol. 306: H. Luckhardt, Extensional Gödel Functional Interpretation. VI, 161 pages. 1973. DM 18,-

Vol. 307: J. L. Bretagnolle, S. D. Chatterji et P.-A. Meyer, Ecole d'été de Probabilités: Processus Stochastiques. VI, 198 pages. 1973. DM 20,-

Vol. 308: D. Knutson, λ-Rings and the Representation Theory of the Symmetric Group. IV, 203 pages. 1973. DM 20,-

Vol. 309: D. H. Sattinger, Topics in Stability and Bifurcation Theory. VI, 190 pages. 1973. DM 18,-

Vol. 310: B. Iversen, Generic Local Structure of the Morphisms in Commutative Algebra. IV, 108 pages. 1973. DM 16,-

Vol. 311: Conference on Commutative Algebra. Edited by J. W. Brewer and E. A. Rutter. VII, 251 pages. 1973. DM 22,-

Vol. 312: Symposium on Ordinary Differential Equations. Edited by W. A. Harris, Jr. and Y. Sibuya. VIII, 204 pages. 1973. DM 22,-

Vol. 313: K. Jörgens and J. Weidmann, Spectral Properties of Hamiltonian Operators. III, 140 pages. 1973. DM 16,-

Vol. 314: M. Deuring, Lectures on the Theory of Algebraic Functions of One Variable. VI, 151 pages. 1973. DM 16,-

Vol. 315: K. Bichteler, Integration Theory (with Special Attention to Vector Measures). VI, 357 pages. 1973. DM 26,-

Vol. 316: Symposium on Non-Well-Posed Problems and Logarithmic Convexity. Edited by R. J. Knops. V, 176 pages. 1973. DM 18,-

Vol. 317: Séminaire Bourbaki – vol. 1971/72. Exposés 400–417. IV, 361 pages. 1973. DM 26,-

Vol. 318: Recent Advances in Topological Dynamics. Edited by A. Beck, VIII, 285 pages. 1973. DM 24,-

Vol. 319: Conference on Group Theory. Edited by R. W. Gatterdam and K. W. Weston. V, 188 pages. 1973. DM 18,-

Vol. 320: Modular Functions of One Variable I. Edited by W. Kuyk. V, 195 pages. 1973. DM 18,-

Vol. 321: Séminaire de Probabilités VII. Edité par P. A. Meyer. VI, 322 pages. 1973. DM 26,-

Vol. 322: Nonlinear Problems in the Physical Sciences and Biology. Edited by I. Stakgold, D. D. Joseph and D. H. Sattinger. VIII, 357 pages. 1973. DM 26,-

Vol. 323: J. L. Lions, Perturbations Singulières dans les Problèmes aux Limites et en Contrôle Optimal. XII, 645 pages. 1973. DM 42,-

Vol. 324: K. Kreith, Oscillation Theory. VI, 109 pages. 1973. DM 16,-

Vol. 325: Ch.-Ch. Chou, La Transformation de Fourier Complexe et L'Equation de Convolution. IX, 137 pages. 1973. DM 16,-

Vol. 326: A. Robert, Elliptic Curves. VIII, 264 pages. 1973. DM 22,-

Vol. 327: E. Matlis, 1-Dimensional Cohen-Macaulay Rings. XII, 157 pages. 1973. DM 18,-

Vol. 328: J. R. Büchi and D. Siefkes, The Monadic Second Order Theory of All Countable Ordinals. VI, 217 pages. 1973. DM 20,-

Vol. 329: W. Trebels, Multipliers for (C, α)-Bounded Fourier Expansions in Banach Spaces and Approximation Theory. VII, 103 pages. 1973. DM 16,-

Vol. 330: Proceedings of the Second Japan-USSR Symposium on Probability Theory. Edited by G. Maruyama and Yu. V. Prokhorov. VI, 550 pages. 1973. DM 36,-

Vol. 331: Summer School on Topological Vector Spaces. Edited by L. Waelbroeck. VI, 226 pages. 1973. DM 20,-

Vol. 332: Séminaire Pierre Lelong (Analyse) Année 1971-1972. V, 131 pages. 1973. DM 16,-

Vol. 333: Numerische, insbesondere approximationstheoretische Behandlung von Funktionalgleichungen. Herausgegeben von R. Ansorge und W. Törnig. VI, 296 Seiten. 1973. DM 24,-

Vol. 334: F. Schweiger, The Metrical Theory of Jacobi-Perron Algorithm. V, 111 pages. 1973. DM 16,-

Vol. 335: H. Huck, R. Roitzsch, U. Simon, W. Vortisch, R. Walden, B. Wegner und W. Wendland, Beweismethoden der Differentialgeometrie im Großen. IX, 159 Seiten. 1973. DM 18,-

Vol. 336: L'Analyse Harmonique dans le Domaine Complexe. Edité par E. J. Akutowicz. VIII, 169 pages. 1973. DM 18,-

Vol. 337: Cambridge Summer School in Mathematical Logic. Edited by A. R. D. Mathias and H. Rogers. IX, 660 pages. 1973. DM 42,-

Vol: 338: J. Lindenstrauss and L. Tzafriri, Classical Banach Spaces. IX, 243 pages. 1973. DM 22,-

Vol. 339: G. Kempf, F. Knudsen, D. Mumford and B. Saint-Donat, Toroidal Embeddings I. VIII, 209 pages. 1973. DM 20,-

Vol. 340: Groupes de Monodromie en Géométrie Algébrique. (SGA 7 II). Par P. Deligne et N. Katz. X, 438 pages. 1973. DM 40,-

Vol. 341: Algebraic K-Theory I, Higher K-Theories. Edited by H. Bass. XV, 335 pages. 1973. DM 26,-

Vol. 342: Algebraic K-Theory II, "Classical" Algebraic K-Theory, and Connections with Arithmetic. Edited by H. Bass. XV, 527 pages. 1973. DM 36,-